唐毅

林新宁

麦热亚木热合曼

彭晓丽

U0349068

陆沛扬

韩　非

郭宇博

彭　澄

胡　博

陈昊

弓艺

陈璞

刘桐一

汪诗垚

洪 帆

唐文昕

达瓦次仁

张志远

刘青姗

强成洲

苏子悦

刘璐

孙宇轩

史凌杰

牛文娟

李 萍

周 玲

周 飒

孙诗舟

张 程

金 凯

邓泽宽

鲁天云

明司乔

徐皎艺

马晓春

党昊昱

魏思琪

马蔷薇

走进家乡
——2020年农建专业综合实践

◎赵淑梅　李保明　郑炜超　王朝元　主编

中国农业科学技术出版社

图书在版编目（CIP）数据

走进家乡：2020年农建专业综合实践／赵淑梅等主编. --北京：中国农业科学技术出版社，2021.12
ISBN 978-7-5116-5563-9

Ⅰ.①走… Ⅱ.①赵… Ⅲ.①农业工程-专业-大学生-社会实践-研究 Ⅳ.①S2

中国版本图书馆CIP数据核字（2021）第223760号

责任编辑	张志花
责任校对	马广洋
责任印制	姜义伟　王思文

出 版 者	中国农业科学技术出版社
	北京市中关村南大街12号　邮编：100081
电　　话	（010）82106636（编辑室）　（010）82109702（发行部）
	（010）82109709（读者服务部）
传　　真	（010）82106631
网　　址	http://www.castp.cn
经 销 者	各地新华书店
印 刷 者	北京中科印刷有限公司
开　　本	170 mm×240 mm　1/16
印　　张	15.75　彩插　8面
字　　数	230千字
版　　次	2021年12月第1版　2021年12月第1次印刷
定　　价	68.00元

前 言

　　过去的一年，是极为不平凡的一年，在喜迎中国共产党 100 周年华诞之际，我们也有幸参与并见证了中国脱贫攻坚取得全面胜利的辉煌时刻。屈原曾感慨"长太息以掩涕兮，哀民生之多艰"，杜甫曾憧憬"安得广厦千万间，大庇天下寒士俱欢颜"，孙中山曾期望"家给人足，四海之内无一夫不获其所"——摆脱贫困、丰衣足食、安居乐业，一直都是中华民族的深深渴望。农业建筑环境与能源工程专业（简称农建专业），正是以服务国家"菜篮子"民生产业和"三农"问题，实现国家乡村振兴为使命而创办的专业。40 余年的探索与实践，培养了一大批设施农业工程领域的国际知名学者、优秀企业家、行政管理岗位领导、生产一线的技术骨干等。不忘初心，不负使命，欣慰我们做出了应有的贡献，得到了社会的广泛认可；砥砺前行，不负韶华，我们仍需努力，更好服务国家需求。

　　40 余年来，农建专业先后入选国家特色专业、北京市特色专业、教育部首批卓越农林人才（拔尖创新型）培养模式改革试点项目单位。立足于立德树人、培养行业领军人才的培养目标，发挥一流学科优势，创新并实践了"3+1"人才培养模式（前 3 年以专业通识教育为主，后 1 年进行个性化培养），取得显著成效，吸引了一批行业内极富影响力的企事业单位，携手共建了"产学研"协同育人机制，很好地契合了《教育部关于加快建设高水平本科教育全面提高人才培养能力的意见》（教高〔2018〕2 号）中有关协同育人机制、加强实践教学等有关要求。

　　"专业综合实践"作为农建专业一个综合性实践环节，开设于大三学年与大四学年之间的夏季学期，是"3+1"人才培养模式中的重要一环，起到承上启下的作用，也是发挥产学研协同育人机制的重要载体。开设该环节的初衷，一是借助实训环境，给学生提供一次真实的"演练"机会，夯实并贯通课堂所学理论知识，提高学生的创新实践能力，增进学生对社会的了解，提升与人相处、与人交流合作的能力，培养学生的"知农、爱农"情怀；二是实现人才培养与社会需求的对接，使学校在人才培养上能够及时把脉社会需求、跟踪行业发展，不断更新教学方法和专业教学内容，为企业提前选拔人才和订制培养人才提供机会；同时不断完善提升产学研协同育人机制和实践平台建设，基于人才培养，增进各方在技术服务、项目开发、资源共享等方面的合作。

然而，2019 年底突发的新冠肺炎疫情，快速在全球蔓延，我们 2020 年的教学安排和授课方式，不得已都做了调整。于"危机中育新机，变局中开新局"，化被动为主动，迎难而上，勇于担当，正是农建专业根植于使命的本能，所以让我们积极思变，探索新的实践模式和实践方向。

于是，便有了这本《走进家乡：2020 年农建专业综合实践》。不能返回校园，不能走进原计划的实践基地，就安排同学们在保障自身防疫安全的前提下，以本专业学子的身份和眼光，重新认识家乡，基于专业所学，围绕自身的兴趣和家乡发展特点，开展家乡调研。调研内容，可以是当地乡村振兴、精准扶贫等现状、需求和问题，可以是当地现代设施农业产业发展现状、需求和问题，可以是当地休闲、观光农业产业发展现状、需求和问题，当然，也可以是新冠肺炎疫情期间，当地农副产品供应方式、渠道、产地、配送及存在问题等。根据同学计划调研的方向，分组安排指导教师团队，每周至少集中在线汇报一次，及时帮助同学凝练问题，探索问题背后的原因，完善调研方向，并尝试根据专业所学提出解决思路和对策，最终整理形成调研报告。本书正是同学们调研成果的汇编。

学校是人才培养的摇篮，每一次将学生放飞，作为老师，都会有忐忑、有激动、更有期待。以记录一届同学成长的初衷编辑出版一本书，从 2016 年开始进行了尝试，有了一个很好的开端，也得到了同学以及校内外老师、基地的认可。以往的书中主要是记录同学们的亲身感受，包括实践过程中的各种小故事，专业知识、实践技能上的收获，与人相处、团结协作方面的成长，早出晚归、坚守岗位方面的感悟等。本书则是围绕同学们的调研报告，反映农建专业全体师生在面对新冠肺炎疫情影响，敢于挑战、勇于创新的成果，尤为值得纪念。

"专业综合实践"环节自实施以来，得到了中国农业大学本科生院及水利与土木工程学院相关领导的关怀和支持，得到了各实践基地的积极响应和大力协助。本次实践，除了主编之外，本专业的施正香、滕光辉、陈刚、黄仕伟、宋卫堂、张天柱、贺冬仙、刘志丹、王宇欣、袁小艳、周清、蒋伟忠、王玉华、奚雪松、段娜、卢海凤、童勤、宗超、李明、郑亮、李浩、司哺春、季方、梁超等老师均积极参与指导。

　　本书编辑过程中，农建专业 2017 级的全体同学积极响应，其中，鲁天云同学自始至终负责组织和编辑工作，陆沛羽、周玲、牛文娟等同学在素材的收集、整理以及编辑过程中也付出了大量的心血。

　　由于时间和精力所限，书中难免出现不足之处，敬请广大读者不吝赐教和批评指正。

　　在此一并致以衷心的感谢！

李保明　赵淑梅

2021 年 12 月

目 录

唐 毅

家乡养猪场实习报告

受新冠肺炎疫情的影响，此次的专业社会实践是在我家乡进行的，我自己找实习调研单位，采取多种方式在确保安全的前提之下进行。我选择在家乡村庄上的一个养猪场进行实习。因为我对养猪比较感兴趣，而且我选的这个猪场算是一个比较典型的农村合作社的规模化养猪场，对于整个农村的生猪养殖具有较好的示范意义。经过近3周的实习，我学到了很多东西，也亲身经历了养猪的整个过程，有了很多思考，也把自身所学应用到实际之中，发挥了自身的特长。下面是对此次实习的一个总结。

一、实习过程

（一）猪场概况

该猪场位于四川宜宾柳嘉镇的一个山头上，占地约为 15 000 m^2。目前建有 3 栋猪舍，分别是育成育肥猪舍、妊娠后备母猪舍、哺乳母猪舍。猪场存栏量为 1 500 头，目前猪舍里全是刚进的仔猪。

这个猪场是由两户人家共同建造的一个农村合作社形式的规模化猪场，整体投资约 250 万元，从 2020 年 3 月开始修建，目前已经投产。这种模式修建的猪场在我们家乡越来越多，因为作为个体养殖的散户很难拿出足够的资金修建更大规模的猪场。

（二）实习概况

这个猪场就在我们村里，猪场老板我也认识。第一周刚进去的时候猪场里还没有种猪进场，只有 100 头左右家庭散养的猪。所以第一周我主要就是参观猪场的建筑结构以及做好第二周猪场进猪的准备工作。

这是我第一次现场参观规模化的猪场，与原来农村散户养猪相比，规模化猪场的自动化程度更高，整体管控更加严格，对环境的要求也更高，这些从猪场的建筑结构就可以看出。另外，我也实地看到了很多原来学设施农业工程工艺课上老师讲过的养猪设备、养猪工艺等，由此对于养猪我有了更加明晰的认识。

第二周，在猪场最主要的工作就是进猪。这批猪是从四川乐山的新希望种猪场拉过来的，总数是 600 头。由于是在新冠肺炎疫情期间，高速公路对各类活禽都要进行防疫检查，所以在路上耽搁了很长时间。我们是在午夜 12 时左右接到猪的，当时第一次看见进猪，因为仔猪个体较小，路上又拖了很久，所以有些仔猪已经出现应激反应，并且浑身很脏，一进猪圈就叫哄哄的。

进了猪以后猪场算是正式运行了起来，那几天猪场全部封锁，猪场工作人员定时观察仔猪情况，在出现拉稀之后采取了喂药消毒等措施，保障了猪的适应过程。

第三周由于要去城里做核酸检测，所以出猪场后大部分时间都在家里完善猪场粪污处理系统的改进工作。

二、问题与对策

（一）存在的问题

在整个第二周实习期间，我对猪场的整体布局进行了分析。因为在跟老板聊天时了解到，猪场是他自己设计的，他不是专业人员，所以我想设计布局想必有不足的地方。经过分析，我想有以下几处不足。

一是猪场建在坡顶，猪舍边缘没做护坡，有滑坡风险。

二是 3 栋猪舍相隔不到 2 m，间距太近，且两侧都有窗户相互通风，有防疫风险。

三是生产区在高处，办公区在低处，加之猪场西北风偏多，导致办公区空气质量不佳。

四是哺乳母猪舍应该靠着保育育肥舍，利于转群，应该把妊娠后备母猪舍放最边上。

五是哺乳母猪舍没有配备降温设备，后期可以配备冷风机或者喷雾降温系统。

六是育肥舍料槽采用的是干料槽，最好采用干湿喂料槽，利于育肥猪生长。

但这些不足是难以改进的，所以我把目光放在了猪场的粪污处理系统上，由于目前猪场粪污处理有明显不足，所以我想把最后一周主要精力放在粪污处理系统的改进上，争取向猪场展现出自己作为农大学子的价值。

（二）改进方案

1. 粪污处理系统改进

猪场目前采用的粪污处理系统是由普通的漏缝地板、刮粪机、厌氧发酵池以及露天沉淀池组成，工艺比较简单。其中主体反应过程是在厌氧发酵池进行，粪污在进入发酵池前没有进行干湿分离，猪场也没有进行雨污分流，有着受环境影响较大，粪污处理效率低，利用率低，排水 COD、BOD 浓度不达标等问题。

根据猪场相关的地理环境和现有的规模、设施设备，适宜采用厌氧-还田利用模式。因为猪场建在四川宜宾的农村，猪场周边有大面积的农田，远离城市，土地宽广，有足够的农田消纳猪场粪污的地区，特别是种植常年施肥的作物，如蔬菜、经济类作物，所以该猪场最适合厌氧-还田利用的循环经济理念：规模化猪场循环经济模式。

规模化猪场产生的粪尿污水经过沼气发酵处理，产生"气""电""热""肥"。"气"用于养殖场及周边农户的生活用能，"电"用于生活、办公以及农牧业生产，"热"用于猪舍、蔬菜大棚冬季加温和生活取暖，"肥"用于无公害、绿色农作物的生产。绿色农作物又为规模化猪场提供安全、健康的喂养饲料，如此良性循环，便可建立起种养结合的生态农业园区。

2. 猪场粪污源头处理

从营养的角度，采取措施优化饲料配方，提高饲料利用率，特别是氮磷利用率，减少重金属的添加量，从而减少排泄物中污染物的含量。

而就我实习的养猪场而言，他们目前使用的就是市场上比较常见的复合饲料，重金属超标现象比较普遍，猪场养殖户对于饲料中添加剂不合规的问题并不重视，他们认为饲料中加入含重金属添加剂等有利于猪的快速生长，能让猪毛色更好看，更容易卖出去，而忽略了其排泄物对于环境的危害。

目前有很多关于中草药微生物饲料的研究，这种创新型的生物饲料采用双歧杆菌和黄芪、陈皮等不同的中药成分进行联合发酵，培养出可以替代抗生素的活性益生菌，让中药中的活性成分充分发挥其作用。对于该猪场而言，推荐采用该类型的饲料，以减少猪场粪污的臭气，另外增强猪的免疫能力。

3. 猪场清洁生产设备设施

清粪方式和设施，关系到劳动强度和生产效率，也关系到环境卫生状况和粪污处理的难度。根据循环经济思想，应采用干湿分离，干清粪的工艺，采用干清粪工艺较水冲粪工艺可节约用水 50% 以上。具体做法是舍内干清粪，舍外设集粪池。水冲洗清洁设备应选用高压清洗机、管路、水枪组成的可移动高压冲水系统，该系统在保证圈舍清理干净的前提下，可大大节约用水。尿及冲洗污水由地下管道排至粪污处理设施，保证了舍内环境卫生状况，而且大大减少了污水量和降低污水的有机浓度，从而降低了污水净化和处理的难度。

猪场目前除哺乳母猪舍外均采用漏缝地板+刮粪机的清粪模式，但舍外的排粪通道没有进行雨污分流，没有设置集粪池。所以在粪污系统改造的同时应该设置两套排水设施，地上设置明渠排水，地下设置密闭的污水沟和排水管道。

（三）猪场粪污处理工程的规划与设计

1. 工艺设计

采用最符合循环经济理念的厌氧-还田利用模式对规模化猪场粪污进行处理，工艺流程如图 1 所示。

由于规模化猪场冲洗水量大、污水有机物浓度低，导致厌氧发酵升温困难，沼气发酵系统处理负荷低，沼气产量低，发酵装置容积大，投资高。针对这些问题，农业农村部沼气科学研究所研发了"基于浓稀分流的养殖场粪便污水处理方法"专利技术，先将猪场冲洗污水进行浓稀分离，对浓污水加热升温，进行中温或近中温发酵，提高效率，发酵后高浓度沼渣沼液可输送到较远的地区进行还田利用。稀污水采用常温发酵，产生的低浓度沼液可就地还田利用。该工艺有投资省、耗能低，污染物零排放，最大限度实现资源化利用等优点。

2. 设施设备的配套

对于图 1 提出的猪场粪污沼气化处理工艺，可配套以下设施设备（图 2）。

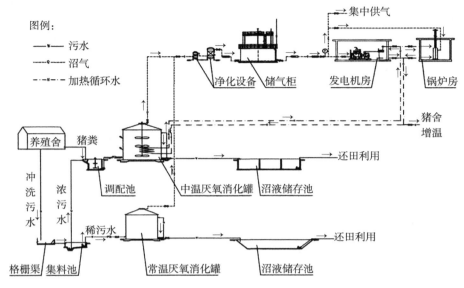

图1 粪污处理配套设备

预处理单元：应包括格栅渠、集料池和调配池以及粪污干清分离装置。栅条间空隙宽度宜<20 mm；集料池有效容积按进料流量和原料滞留时间（发酵原料量变化1个周期的时间为宜）计算；调配池宜为圆形，池底部一般保持5%的坡度，坡面朝向泵的吸料口。有效容积应至少能存放1个进料周期的原料量。内应设搅拌、加热等设施。对固态杂质含量高的粪污，宜选用带切割的潜污泵、螺杆泵、泥浆泵或转子泵等无堵塞泵。

猪舍内的粪污经排污管道经过格栅渠清理后进入集污池，由于排出的粪污混有猪粪尿、动物毛发、饲料等大量固液混合物，因此需要在池内安装搅拌机对粪污进行搅拌、混合；搅拌混合均匀后的粪污经带有双重切割功能的切割泵提升到固液分离机进行固液分离。本设计采用的集料池容积按照猪场日最大排放量的1.5倍确定，以满足猪场粪污排放量波动大的特点；同时，本设计选用的固液分离机分离效率高，经过固液分离后的固体部分（含水率75%左右）和液体部分（含固率2%左右）分别进入资源化利用系统进行进一步的资源化利用处理。

沼气生产单元：主要是厌氧消化装置及配套设备。中温厌氧消化装置采用适合悬浮物浓度和有机物浓度均高发酵原料的完全混合式厌氧反应器（CSTR），消化温度35 ℃，有效容积可采用容积负荷 [3~4 kg 总固形物（TS)/($m^3 \cdot d$)] 或

图 2　粪污处理配套设备

水力滞留时间（15~20 d）计算，外部设保温层，内部设换热装置。搅拌装置可采用顶部机械搅拌、底部机械搅拌或斜插式机械搅拌。常温厌氧消化装置采用适合中等浓度发酵原料的厌氧接触工艺（AC），消化温度 15~25 ℃，有效容积可采用容积负荷 [1~2 kg(TS)/m³·d] 或水力滞留时间（8~15 d）计算，外部设保温层，宜采用水力搅拌。对于猪场现有的厌氧发酵装置和猪场实际规模而言，现猪场有一个常温厌氧发酵装置，所以需要再建造一个中温厌氧发酵装置，用以处理高浓度的污水。

　　沼液储存与利用单元：沼液作为液体肥料在施用前应储存 5 d 以上，并根据农作物生产用肥最大间隔期和冬季封冻期或雨季最长降雨期确定，但存储时间不应少于 90 d。

　　沼气净化、储存与利用单元：应包括气水分离器、脱硫塔、储气柜、阻火器、流量表、凝水器、供气管道、沼气发电机、沼气锅炉或入户工艺设施等。

　　按照猪场存栏量 1 500 头规模计算，排粪量为 2.38 t/d（TS 含量约为 20%），排尿量约 3.5 t/d。所以两个厌氧发酵池与沼液储存和利用单元的容积应该根据水力停留时间和每日排粪量进行设计。

三、实习总结

经过近 3 周的实习，我确实学到了很多，也极大拓展了视野，对于农业生产也有了一些思考。

1. 农村散户养殖思路

农村散户养殖技术偏低，不了解新技术，缺乏资金建造规模化农场，导致养殖质量参差不齐，环境污染严重。特别是去年非洲猪瘟疫情，虽然猪价上涨，但是散户养殖的猪死亡率很高，养猪户基本都在亏钱。规模化养殖成了保障养殖质量、提高养殖水平的一个趋势，政府也在大力倡导规模化养殖。

但是农户资金不足怎么办？除了国家补助外，我想有两个思路：一个是农村合作社的形式，集散户之力共同打造规模化养殖。另一个是与大型农企合作，企业提供仔猪、技术培训，农户提供养殖场地帮忙饲养，出栏后企业再从散户手中回购育肥猪。这类似于温氏养猪的模式，在我家乡地区也有了一些应用。

2. 现代化农业技术与农业生产的结合

许多养殖户对目前已经有的养殖技术不够了解，技术与应用之间出现代沟，政府可以在农村地区针对散户多开展养殖技术培训。目前我们镇上会定期请专家进行技术培训，让养殖户来听课，提高养殖技巧，了解更多先进的养殖技术。

3. 行业前景好

养殖行业近几年发展很快，而我们学生，真正掌握技术之后，会成为整个养殖行业急需的人才。

4. 纸上得来终觉浅，绝知此事要躬行

作为工程专业学生，通过此次实习经历我明白，就算在学校学再多书本上的知识，最终目的依旧要应用于实际工程领域。

四、致谢

此次实习中，感谢猪场老板提供的机会，使我有机会第一次近距离了解了猪场的生产流程，激动万分。也感谢陈刚老师、施正香老师的教导，是他们给我提供意见建议，才使我能把握住这次机会学到更多。

林新宇

乡村种鸡养殖发展现状调研
——以湖南省某专业合作社为典型

竹市某专业合作社的前身是竹市家禽有限公司，地处湖南省洞口县竹市镇园艺场内、G320 旁，距离洞口县县城约 16 km，占地面积 165 亩，建筑面积 20 898 m²，由夫妻二人于 2008 年注资 800 万元建立，属性为种鸡场，目前已申请注册了湘竹园这一商标。

鸡场的建筑沿山坡向上分布，场区 70%的地面硬化，全场分为生活管理区、辅助生产区、生产区、粪污处理区四大功能区。

生产区包括孵化房，2 栋育成舍，3 栋成鸡舍，还有 3 栋由猪圈改建成的散养鸡舍，目前鸡场的生产规模为种鸡 2.5 万余只，雏鸡 4 万余只，商品肉鸡暂无统计。各类笼养鸡舍基本相同，均为全密闭式全阶梯笼养鸡舍，舍内配有湿帘风机、照明系统、环境监测系统、饮水器等设备，采用人工给料、捡鸡蛋、清粪，每栋成鸡舍固定有 3 名员工，2 栋育雏鸡舍均由一个员工看管照料，此外，由两个师傅负责所有鸡舍的清粪工作。鸡场采用全进全出式周转模式，种鸡养殖两年后全部以肉鸡的形式售卖，种鸡售卖前 5 个月开始转入培育雏鸡。生产区还包括孵化房，成鸡舍内每只鸡平均两天产一次蛋，每天 10：30 和 17：00 鸡舍员工将鸡蛋转入孵化房内存放鸡蛋的库房消毒，由孵化房员工挑选大小合适、外表无破损的鸡蛋静置 3 d 后转入孵蛋机孵化 18 d，然后再由人工照蛋看是否成功受精，再转入出雏机孵化 3 d，雏鸡孵化出来后即刻转入纸箱中，大部分雏鸡都被马上售出。其余过大过小、形状不规整但完好无损的鸡蛋会以一箱 50 个左右的规格卖出，剩下的则以烂蛋的形式售出。

紧邻孵化房的是粪污清理区，内有一台对鸡粪进行高温消毒、干燥的机器，经消毒干燥的鸡粪在旁边发酵堆肥。

从大门进入鸡场则可以看到行政办公室和辅助生产区，辅助生产区用于堆放拖拉机、磨包谷粉机等设备，还堆放了折纸箱用的纸板材料和饲料。生活管理区包括行政办公室、食堂、员工宿舍。一般周边村民来鸡场购买鸡或鸡蛋都在行政办公室前的空地上进行交易，鸡场所有人包括老板、老板娘都在食堂就餐，员工宿舍是员工的主要休息场所，用于午休。行政办公室和食堂就像是一道隔板挡在了孵化房和成鸡舍间，而员工宿舍则位于鸡场最顶端的坡地上。鸡场分区显得很混乱。

鸡场通过售卖雏鸡、中鸡、种鸡、鸡蛋盈利，主要收入来源是雏鸡售卖，但其经营易受市场行情影响，承担的经济风险大。今年受到新冠肺炎疫情的影响，鸡场的雏鸡难以卖出，只能就地掩埋，目前处于负收入状态。

一、实习概况

实习之前，我对本次实习进行了初步规划，首先对实习地点振荣专业合作社进行整体把握，了解其生产模式与规模、各生产功能区划分、目前的经营状况，记录下对鸡场的第一印象，待实践结束后再对比分析；然后再从鸡场生产经营的各个环节逐一调研，对鸡场进行深层次剖析，在这个过程中结合所学的专业知识去发现、分析、解决问题，同时将自己定位为一名鸡场职工，体验鸡场的日常工作，学习当地先进的养殖技术；最后，在实践结束前两天整体梳理此次实践过程，对实践进行总结。

我于 8 月 24—25 日整体了解了鸡场。首先是与鸡场老板娘交谈，初步了解他们的创业史以及 10 多年来鸡场的变化。接着我便分别沿着鸡场的外轮廓、主干道、小径对鸡场的地形地势以及场区规划进行初步了解。

接下来，我从鸡舍、孵化房、鸡场废水与粪污的处理、地方品种鸡养殖工作四方面进一步展开了调研。8 月 26—29 日，我通过记录鸡舍员工的动态总结出鸡舍的日常工作流程；8 月 30 日—9 月 4 日，几乎完全了解了鸡舍的工作后，我转入孵化房学习、调研，了解孵化的具体流程以及孵化过程必须注意的事项；9 月 4—5 日，我就鸡场的废水处理流线及粪污处理进行了调研；9 月

6—11 日，我根据童勤老师的建议，就地方品种鸡的养殖进行了调研；通过观察不同品种鸡的饲养状况、寻访老板，对他们的养殖观念以及养殖经验进行总结。

最后，整理实践获得的各方面材料。

二、鸡场的优势与发展中存在的问题

从场区整体规划看，鸡场的分区并不符合规范，这和鸡场 10 多年来不断发展变化密不可分。鸡场建设之初有很多空地没有用上，加上当时的市场行情是养猪赚钱而且会拿到政府补贴，于是就在空地上修建了猪舍；近些年为了使公司更加专业化，管理更加统一化，他们不再养猪而是进一步扩大种鸡养殖规模。现在的雏鸡舍和散养鸡舍都是在原来的猪舍基础上改造建成的，从风向上看，雏鸡舍正好位于成鸡舍的下风向，这对雏鸡的生长是非常不利的。粪污处理区是在 2019年乡村振兴、政府大力扶贫的背景下建设的有机肥生产基地，此前鸡场并没有对鸡粪进行统一处理。虽然这些改动都是从鸡场更好的发展角度出发，但是不符合场区规划的基本原则，长此以往对鸡场而言是不利的。

从环境卫生角度看，鸡场的环境条件仍有待提升。鸡场建设之初就没有规划好场区的道路路线，未做到净污分离，后来又不断改造、扩建，场区的动线更加混乱了，饲料车、雏鸡转运车、参观道、运粪车共用一条通道，从大门进、也从大门出，只是每天定时消毒。笼养鸡舍内粉尘严重，屋顶、角缝结满了厚厚的蜘蛛网，湿帘风机等设备老旧、效率低；散养鸡舍的环境更为恶劣，肉鸡在户外散养，散养地面和舍内较脏，且不做清洁，鸡舍只作为散养肉鸡遮风挡雨和夜间的栖所。鸡舍内外堆积了许多杂物，在每栋鸡舍之间有许多杂草杂树，加上鸡场位于山地，老鼠、蛇、毒虫等对鸡场的疫病防控造成了极大威胁。另外，地面鸡粪多也易滋生蝇虫、传播疾病。鸡场环境卫生对鸡的生长健康影响很大，目前鸡场仅通过消毒和疫苗防治疫病是不够的，应当改善鸡舍环境，从源头减少疫病发生。

从鸡场的经营模式看，种鸡场易受市场行情影响，承担较高的经济风险。鸡场的收入来源包括雏鸡、中鸡、种鸡、鸡蛋售卖四方面，有固定的下游经销商和周边农户两类顾客群体，主要通过将雏鸡卖给下游商家获利。如果行情较好，鸡场则会大赚，一旦遭遇禽流感等则会亏损。这种状况对鸡场来说是不利的，如何降低市场对鸡场发展的影响是目前鸡场最迫切、最亟待解决的问题。

不过鸡场既存在不足也有其优势。鸡场目前采用种养结合的方式处理部分粪肥，在场区周边的田里种了许多柑橘树。由于粪肥中有许多营养物质，树苗长势非常好，橘子又大又甜，秋天橘子的销量非常可观。此外，鸡场结合其所处环境背景，并且根据市场需求逐年规划，形成了一套适合自己的经营管理模式，可以保持盈多亏少的状态，这对于一个农村企业来说已经很优秀了。

三、限制鸡场发展的因素

综合考虑了社会条件、鸡场老板主观意愿、鸡场目前发展规划等因素，我认为目前限制鸡场发展的因素主要有以下两点。

首先是鸡场所处地理位置与当地经济发展现状。湖南省洞口县竹市镇园艺场，这里是乡村，而且是经济相对不发达的湖南中部农村。当地居民家中都养了不少鸡，尤其以母鸡居多，鸡场的鸡蛋在当地并没有很大的竞争力。如果将鸡蛋包装好卖往经济更发达地区，为保证鸡蛋新鲜、不破损，运费成本反而高于鸡蛋售卖价格，这是非常不划算的，所以鸡场不能是蛋鸡场。而种鸡场只需要将雏鸡卖出去即可，相比于鸡蛋，雏鸡的售卖难度相对较小。此外，也正是由于鸡场所处位置是湖南中部农村，导致其知名度不大、不广，只局限于临近乡镇，顾客群体难以扩大。

其次是并没有关于设施农业重要性的意识流存在，一方面政府对设施农业的扶持力度不大，另一方面缺乏专业人才与技术帮助鸡场的经营管理进一步发展。机械化程度不高、依赖人工、比较天然，这是大多数人对家乡设施农业发展现状的直观印象；没有发展设施农业的需求，这是我的家乡设施农业发展面临的主要问题。传统的小农经济能满足当地对食物的需求，而且粮食亩产量也逐年增长，虽然农村的劳动力只有老年人，也能做到食物供大于求。设施农业发展得到投资并不高，目前鸡场的资金来源包括老板夫妇的个人原始财富注资以及后期经营的盈利。当地政府办事效率不高，对于方向创业等补助较少，鸡场自成立以来受到政府的帮助较少。还有就是当地经济并不发达，对返乡就业支持力度小，年轻人不愿意回乡工作，具备专业知识的人才就更不愿意回家乡的小型养殖场工作了。目前鸡场的工作都是脏活累活、重复性的工作，农村的老人比年轻人更适合这份工作。没有专业的技术、没有人才引进，没有更多的财务支撑，鸡场甚至家乡的设施农业都很难朝着更专业化的方向发展。另外，从鸡场本身的发展来说，当初建场就是为了赚钱，虽然生意有赚有赔，但总体还是盈利的，现阶段的生产经营模式已经盈利了，再做大改动反而投入多，短时间内难以回本，仅就目前来说，人工依赖度较高的生产模式是最适合的。

四、建议和措施

在鸡场实践的这段时间，我一直在思考，专业综合实践是培养学生调研、发现问题、以专业知识解决问题的综合能力的，此外，我现在的身份是一名鸡场的员工，我更应该尽自己的努力为企业作贡献。在鸡场待了一周之后，比较严重的问题几乎都暴露出来了，但是解决这些问题意味着需要耗费大量财力，短时间内无法盈利，从鸡场经营者的角度来说他们一定是不愿意的。建议必须可行才有价值，必须被采纳然后才能被应用。后来我发现有些问题只需要小改动就可以起到很好的作用，于是便向老板提出了我的建议。

一是改 16 h 连续光照为 9L：4D：3L：8D 间歇光照，这样对蛋鸡的产蛋率和采食量无显著影响，既可维持蛋鸡生产性能，又能帮助每栋鸡舍节约 25% 的电能。

二是建议及时清理舍外堆放的杂物及杂草杂树，保持鸡舍整洁卫生，同时多放几个老鼠夹、苍蝇粘板，减小疫病传播的概率。

三是规划场内路线，负责不同工作的员工有不同工作路线，避免交叉，做好净污分离，同时每天做好消毒工作（这一点于返校后通过电话向老板建议）。

总之，我想应当顺应鸡场发展所处的大环境，从经营者角度思考如何能更好地为鸡场创造价值。

五、感想与体会

第一，实践使我这个一直待在学校的象牙塔里、缺乏工作经验的人，体验了职工的生活，进一步体验了理论知识与实际应用的差别。以前在课堂上，我们会学习知识、学习为什么这么做，但还是对事物的具象缺乏感知。"知其然与知其所以然"，实践就是在我们掌握了书中所说方式方法和原因后，从实际进一步帮助我们理解为什么和怎么做。学习是为了掌握知识，而知识被应用是其价值的体现方式之一。不能仅以我们学到的、认为最好的技术去套用每一个案例，要从实际考虑，选择最优解。

第二，要尽早为自己的将来规划。实践结束就是大四了，离毕业不远了，要么工作，要么读研，考公务员还是进企事业单位，读研又是为了什么，不论怎样都要清楚自己将来想成为什么样的人，并朝着这个方向努力。父母不可能管我一辈子，他们可能对我将来要做的事也不明白，将来一定是要努力养活自己、照顾家庭的，一定要提前规划，趁年轻还有很多选择的时候，一定要朝着对的方向一直努力。

第三，为人处事要用发展的眼光，学会与人沟通，发现别人的闪光点。我在实习的前一阶段主要采用观察的方式去获取信息，但是获取的信息不全面，后来才明白不仅要"眼观六路，耳听八方"，更要学会与人沟通，并且掌握沟通的技巧。判断一个问题，需要综合考虑时下的各因素，不能仅通过某一方面就判别好坏。例如，如何评价鸡场目前的经营管理模式？我对鸡场的第一印象是对比 10 年前好像差别不大，不过有所改进；但是进一步了解后发现，这和我在学校接触了解的现代化机械化养殖差别很大，几乎没有机械化，过分依赖人工，那么它又有很多地方需要改进，但是这些我仿佛又无能为力；再到后来分析它所处的社会背景和自身发展需求，我认为鸡场能够经历数十年的变迁而且处于盈多亏少的状态，一定有其闪光点，应该被肯定。

第四，在乡村振兴的大战略下，家乡一定会越来越美，人民生活品质也会越来越高，但是建设美丽乡村不仅看居民收入、新修的漂亮房子、家家户户的小汽车，还有环境污染治理、整体规划。在实践中我发现无论是鸡场还是村里、镇上都没有对污水进行收集、处理，而是直接下渗进土壤中或蒸发，虽然短时间内不会造成严重的污染，但是长期下去既是资源的浪费，又会污染地下水和土壤。从个人角度我觉得自己很无能，无法解决这个问题。在进行实践之前我考虑过调查家乡污水处理系统，但是很快就否决了，因为目前并没有完善的污水处理网络，而且对于地处南方的村镇来说，这里没有水资源短缺的难题，污水处理并没有受到重视。水是生命之源，我希望家乡不仅越来越富，也越来越美、山清水秀，期待自己能为水处理事业奉献力量。

第五，这次实践让我明白，要做一个独立、会思考的个体，善于发现问题、解决问题。虽然实践结束了，但这次经历是难忘的，我收获了很多，也明白了自己还有很多需要学习的，特别感谢我们组的指导老师们，他们为我们提供了许多非常实用的建议。

麦热亚木·热合曼

兰干村"乡村振兴，精准扶贫"脱贫攻坚工作调研

暑期期间，我在新疆拜城县察尔齐镇兰干村村委会党建扶贫工作组进行为期两周的实习。在这两周的实习过程中，我除了对基层工作者以及基层政府部门的相关运作程序有了进一步的认识外，还对兰干村的扶贫政策落实情况、脱贫状况、整个产业结构以及种植、养殖技术等方面进行了有关的调研工作。

兰干村作为一般贫困村，其脱贫状况是当下新疆众多一般贫困村发展状况的一个缩影。本文以新疆拜城县察尔齐镇最具代表性的脱贫村庄——兰干村作为案例研究，通过对兰干村的现状分析，发现农村脱贫工作中存在的问题，产业发展过程中所面临的困难以及扶贫政策的落实情况，并根据调研结果提出一系列有利于脱贫、解决经济发展问题的策略及产业发展建议。

1. 研究背景

精准扶贫主要是针对贫困地区实现脱贫而展开的综合性社会治理活动，是对贫困地区所实施的一项重要国家政策。

这次开展的兰干村"乡村振兴，精准扶贫"脱贫攻坚工作的调研，旨在较为全面地反映新疆地区贫困村的现状和改变以及居民脱贫状况，详细了解农村扶贫政策的落实情况、扶贫工作中存在的主要问题、村民的需求和期望等，为课题研究提供一些客观的依据，为后续开展的乡村建设，扶贫工作提供重要的理论支持。

2. 研究目的和意义

精准扶贫的最终目的是促进贫困户脱贫致富。本文试图通过兰干村精准扶贫的案例研究，经过实地调研及后期总结，为新疆贫困地区的脱贫攻坚提供实践参考和新农村的长期建设做理论准备，也对研究社会主义新农村建设、精准扶贫攻坚战的胜利具有现实意义，进而向南疆同类区域农村脱贫攻坚战提供借鉴。

3. 调研内容和方法

我这次的实习调研从 2020 年 8 月 24 日开始至 9 月 10 日结束，主要针对新疆地区脱贫工作，通过入户调研的方式进行。我采用了"观察法""访谈法""问卷法"等不同的调查方法，进行实地调查。通过座谈我了解了兰干村脱贫状况以及政府有关扶贫政策的落实。在调研过程中我们主动联系当地的村干部，定位于了解农民的情况，实地拍照做记录，保证本次调研的真实性。

一、调研分析

（一）调研村落背景

1. 村落概括

兰干村总人口 618 户 2 105 人，其中汉族 35 户 127 人，占 6%；维吾尔族 571 户 1 937 人，占 92%；其他民族 12 户 41 人，占 2%。由此看出兰干村以维吾尔族为主。他们经济收入主要来源于种植业、养殖业以及外出务工，全村耕地面积 5 921 亩，2019 年全村人均收入 9 235 元。

2. 贫困户基本情况

兰干村识别贫困人口流程是：农户申请→村级初审并入户调查→信息对比→村民代表大会评议并公示→乡镇核查并公示→县级审核并公告后批复→签字确认→录入建档立卡系统，保证精准度，做到"扶真贫、真扶贫、真脱贫"。

目前兰干村建档立卡贫困人口 35 户 109 人，占总人口的 5%，其中因缺技术导致贫困的有 16 户 59 人，占总贫困人口的 54%，因病导致贫困的有 1 户 3 人，因残导致贫困的有 3 户 8 人，占总贫困人口的 10%，因缺劳动力导致贫困的有 4 户 7 人，占总贫困人口的 6%，因缺资金导致贫困的有 11 户 32 人，占总贫困人口的 30%。

3. 贫困户分类

按照实际情况，首先对贫困户进行分类，分别是 A 类和 B 类。A 类贫困户是基本丧失劳动力，致贫情况比较严重的，B 类贫困户是具有劳动力，致贫情况一般的。兰干村 A 类贫困户一共有 5 户 13 人，B 类贫困户 30 户 96 人，然后按照贫困户分类情况，进行针对性的精准扶贫。对 A 类贫困户主要通过低保政策，残疾援助，临时救济等政策兜底解决贫困问题，对 B 类主要通过工作组成员、镇联系村干部、村委会干部和村致富能手联手"一对一"帮扶生产和就业、教育等，对口支持实现脱贫。

（二）脱贫实施政策

脱贫实施政策有发展特色产业助推脱贫、发展旅游业助推脱贫、发展劳务输出助推脱贫、发展养殖业助推脱贫等。近几年，兰干村实施"一村一品"特色产业助推脱贫项目，他们的特色产品是鲜核桃。鲜核桃不仅可以食用，而且还可以药用，具有很高的利用价值。除此之外，新疆阿克苏地区属于暖温带大陆性干旱气候，全区的年降水量偏少，日照时间长，光照资源极其丰富，昼夜温差比较大，适宜核桃种植。政府考虑各方面的因素，最终选择了种植核桃。核桃产业目前已经成为了兰干村脱贫致富的重要支撑。目前已建成标准核桃引种示范基地 325 亩，2019 年带动 12 户贫困户实现脱贫。

2020 年以 120 元/亩价格继续承包给了 15 户 B 类贫困户。现在兰干村标准核桃引种基地已成为察尔齐镇脱贫就业示范基地，从 2016 年到目前为止，带动 46 户贫困户实现脱贫，发展特色产业助推脱贫效果非常明显。

从去年开始，兰干村在援疆城市温州的帮助下建立了占地面积为 1 000 亩的"民族团结一家亲"农家乐。这个农家乐是以合作社的形式经营的，是一项发展旅游业的主推脱贫项目。目前合作社有 54 户村民，从事餐饮的有 42 户，其他 12 户经营皮筏艇、骑自行车、小碰碰车等娱乐设施，带动了 54 户 200 多人就业，增收 4 万多元。

拜城县人事劳动和社会保障局认真贯彻脱贫攻坚工作决策部署，2019 年 11 月开第一批建档立卡贫困劳动力转移内地职业技能培训班，兰干村共有 39 名贫困劳动力参加此次培训。2020 年 5 月 22 日，共 22 名学员成绩合格，他们前往温州经济技术开发区沙城森嘉服装加工厂工作。除此之外，兰干村近几年每年都确保贫困户能够外出务工就业，让农民靠勤劳的双手实现增收致富，每年都有农村富余劳动力前往其他地区农场摘棉花。这些外出务工人员的工作最晚持续到 12 月，工期大概 4 个月，预计人均收入 2 万元左右。村委会也积极联系用人单位，千方百计拓宽村民就业渠道，助力群众增收致富奔小康。

近两年，兰干村积极发展养殖业助推脱贫项目，建立了"合作社+贫困户"的牲畜养殖模式，农民合作社成了察尔齐镇兰干村脱贫攻坚的"生力军"，助力村民增收致富，特别是建档立卡贫困户脱贫致富。目前兰干村 31 户贫困户的 81 头牛 102 只羊就在这个合作社托养，2019 年农民的总收入中畜牧业占 30% 左右。贫困户把家里的牛、羊托养到合作社，一年可获得两次分红，自己可以出去打工，一头牛一年可以分红 1 500 元左右，一只羊一年可以分红 460 元左右。

（三）种植、养殖技术观摩

1. 核桃种植技术

兰干村种植的核桃品种是"温 185"和"扎 343"，其高产、优质、喜光、喜温、耐寒，具有较强的抗寒抗旱能力。

（1）工艺流程　选苗、选地、整地→定植→嫁接→栽培管理→采收销售及储藏等。

（2）日常管理　包括：土壤管理、施肥、灌溉、整形修剪、病虫害防治。①土壤管理：及时松土，清除树体周围的杂草，松土在每年夏、秋两季各进行一次，其深度为 10~15 cm。②施肥：幼树在结果前，年施肥量（有效成分）为氮（N）肥 50 g，磷（P）肥、钾（K）肥各 10 g；进入结果期后，应视其产量和树势，适当增加施肥量，尤其应适当增加磷肥和钾肥的用量。③灌溉：在定植时就灌足定根水，春秋时节应结合施肥灌水。④整形修剪：在 1.2~1.5 m 处定干，采用疏散分层形和自然开心形，幼树应轻剪，以培养树形为主，结果期应控制营养枝和结果枝的比例，保证丰产稳产。⑤病虫害防治：在树木萌芽期间喷施石硫合剂；5 月上旬对苗木喷洒 Bt 乳剂，以有效防治红蜘蛛；6 月上旬，喷洒毒死蜱或杀扑磷等，防治介壳虫；9—10 月，在树干上绑扎草把、报纸等，吸引害虫，以便集中对其进行诱杀。

2. 养殖技术观摩

兰干村村干部考虑到自身条件、环境问题，养殖需求以及城乡规划原理等方面的因素，从波斯坦村买了 50 亩地建了家庭农场，一栋牛舍由 3 人经营。这地方地势较高，干燥平坦，水质良好，离牛舍最近的居民点设500 m的防疫距离（安全防疫距离为200 m），牛场建在了居民的下风，与周围环境协调，也符合城乡建设计划。该农场牛的主要品种是"新疆褐牛"和"黄牛"。新疆褐牛适应性强，抗病、抗寒、有较好的产奶性能，而黄牛虽然适应性强、耐粗饲、放牧性能好，但一般体格小、产奶性能较低。

（1）牛场规模　牛舍总存栏量219头，其中奶牛138头，肉牛81头。奶牛场实际牛群结构如下（表1）。

表1　存栏量138头奶牛场牛群结构

牛类型	数量/头
犊牛	27
育成牛	31
青年牛	21
成乳牛	59

按照"成乳牛60%，青年牛13%，育成牛13%，犊牛14%"的牛群结构划分原则验证，该牛场牛群结构不符合基本原则。存栏量138头奶牛场标准牛群结构如下（表2）。

表2　存栏量138头奶牛场标准牛群结构

牛类型	数量/头
犊牛	19
育成牛	18
青年牛	18
成乳牛	83

（2）饲养管理方式　全年舍内饲养。这种饲养方式养殖，牛全年饲料供应较均衡，集约化程度较高，群体水平良好，有助于繁殖率、出栏率的提升，饲料报酬显著。

（3）饲养技术　采用柴油撒料车。减少了饲喂时间和饲养员工作量，一个人就能完成饲料的运输及以及饲喂工作。

（4）饲料区　开放式干草棚。这种开放式干草棚饲料运输方便，但容易损失饲料营养成分。我觉得应设为三面设墙一面敞开式干草棚，这样可减少营养成分的缺失。但干草棚建造首先要考虑防火、防潮、通风等方面的因素。

（5）环控　采用通风窗以及侧门。成年牛能忍受-20~30 ℃的温度变化。新疆地区温度适合牛的生存繁殖，因此负责人也考虑资金等方面的因素，只设了通风窗。

（6）防疫　牛舍里的牛每年打3次疫苗，有规定的防疫种类和日程，但牛场布局中没有设观察治疗圈舍。

（7）运动场　牛舍南侧设了小型运动场，是让牛休息、运动的地方，可使牛机体的代谢机能增强，提高抗病力。

（8）清粪方式　人工清粪。清粪大概一周一次，用专门的小推车。

（9）粪污处理　还田。牛粪进行高温堆肥处理，每季度还田一次。牛场里的污水在储水池进行厌氧处理以后，罐车喷灌农田。

（10）挤奶方式　人工挤奶。没有专门挤奶厅，挤奶的时候奶牛被带到外面运动场进行。

（四）问题总结

主要存在两方面问题。

一是由于受农民自身意识的影响，有些人仍存在"等、靠、要"的思想，出现了"上急下不急，外热内冷淡"的现象，部分贫困户缺乏自我脱贫的决心；另外，贫困户的识别在落实过程中仍有困难。发展特色产业脱贫工作中，核桃销售仅局限于线下，销售情况不乐观；以"农家乐"为主推的旅游业中，出现了宣传力度不够、基础设施不够完善、缺乏资金、想法单一，没有突出区域和民族特色等问题。

二是种植业机械化水平不高，几乎所有过程都是人工完成；养殖场对奶牛品种要求不高，品种质量差；日粮搭配不科学，饲料品种单一，营养不平衡；牛舍生活条件差，粪便随意堆放，动物福利这方面做得不够好；牛舍设计不够规范，没达到对热环境和光环境的要求，缺乏技术人员。

（五）建议

1. 扶贫政策可实行建议

加强对扶贫对象正确的价值引导，坚持进村入户宣传扶贫政策，逐步破除"等、靠、要"的思想，摒弃"争当贫困"；健全政府扶贫工作机制，坚持精准扶贫，做到"扶真贫、真扶贫、真脱贫"；通过信息平台，积极发展电子商务营销，拓宽销售途径；增加对"农家乐"的资金投入，做好宣传工作，不断创新。

2. 种养技术可实行建议

择优选种，培养优良品种；采用先进技术，科学搭配饲料，如 TMR 饲料技术，它将给牛的所有饲料经充分混合后一次性喂食，由 TMR 饲料搅拌撒料车进行送料，可减少饲喂时间和饲养员工作量，饲料混合均匀，从而提高产奶量；改善牛舍卫生环境，要经常保持清洁、干燥；定期邀请专业人员开展技术培训。

后期我对牛舍的基本结构做了一些总结以后，按照牛舍实际规模进行了重新设计。考虑到环控（热环境和光环境）因素，牛舍南侧设围栏。冬天的时候可以用卷帘或者帆布进行遮挡，也能起到保温作用。这种设计投资成本低，操作简单，能基本满足牛对热环境的要求；光环境方面，我考虑多加几盏白炽灯，从而满足牛对光环境的要求。我还考虑到动物福利和热应激方面的因素，南北侧设了运动场，每列牛床首段设了饮水槽。所设乳牛舍基本情况如下。

一栋乳牛舍存栏量：120 头

布置方式：采用 4 列对头式，每列 30 个床位，分 4 段布置，每段 10 个牛床，各间距 4.5 m，各段之间设置饮水槽

总牛床位：30×4＝120 个

牛舍长度：30×1.2（床位宽度）+4.5×4（各段间距）＝54m

牛舍跨度：4×2.2（床位长度）+4.8（中间饲喂通道）+3.2×2 采食（清粪）通道+2.6×2（清粪通道）＝25.2m

牛舍高度：3.9 m，南侧完全开放

二、收获及感想

通过这次实习，把课堂拓展到社会，切实感受农业、农村、农民的发展，我学到了很多，汲取了丰富的营养，锻炼了人际交往能力、动手能力，各方面的能力都得到了提升；对基层工作者以及政府部门的相关运作程序有了进一步的认识。虽然基层生活有点辛苦，但也很快乐。工作过程中，把从学校学到的知识运用到平时工作当中，积极提出自己的建议，有些建议被采纳，有些建议加以订正后，也得到了领导的认可，发现了自己的价值所在。通过这次实习调研也暴露出了自己在学习、生活、工作中所存在的一些问题。总之，这是一次宝贵的实践经历。

参考文献

付菁菁，吴爱兵，许斌星，等，2019. TMR 饲料搅拌机刀片磨损性能及仿真分析［J］. 中国农机化学报，40（2）：89-96.

庞燕，2020. 改善农村养殖环境，促进养殖业发展［J］. 畜牧兽医科技信息（2）：16.

陶誉文，2020. 分析 TMR 饲料搅拌机的种类及选择［J］. 农业技术与装备（1）：26，28.

王欧阳，2018. 规模化奶牛养殖场 TMR 饲料搅拌机选择要点［J］. 河南畜牧兽医（综合版），39（11）：24-25.

赵志华，2020. 阿克苏核桃防冻措施［J］. 乡村科技（14）：109-110.

彭晓丽

广西北海塑料大棚发展现状与抗台风性能调研分析

北海市位于广西南部，与海南省隔海相望，年平均气温22.9 ℃，虽然气温和光照较好，但由于受亚热带海洋季风气候的影响，北海市的露地作物经常受到台风、春旱、低温多雨天气和病虫害的影响，产量严重下降。

为了减少气候等因素造成的损失，提高土地利用效率，增加农民收入，北海市从2003年左右开始尝试温室种植，目前已连续推广十多年，北海市温室产业效应逐渐显现。

2020年8—9月，通过对北海当地的大棚进行实地调研及线上查阅相关文献资料等方式，我主要了解了广西北海市塑料大棚的结构形式、发展现状及遇台风的受灾情况等，分析了塑料大棚的破坏形式及破坏因素，试图提出适用于北海当地的新型抗台风塑料大棚设计方案。

一、北海市塑料大棚发展现状

（一）北海地区大棚发展概况

1. 大棚果蔬初具规模

2019年北海市大棚占地面积约1 466.7 hm²，其中银海区面积为733.7 hm²，占全市大棚面积的50.02%；海城区面积为300.15 hm²，占20.46%；合浦县为133.4 hm²，占9.10%；铁山港区为100.05 hm²，占6.82%。银海区福成镇最先在平新、古城、宁海等村推广，因效果较好，北海市及银海区、铁山港区等上级主管部门开始从政策、资金及基础设施方面给予大力扶持。

2. 大棚果蔬产业发展势头转好

（1）新型农业经营主体队伍不断壮大　2019 年全市共有市级以上农业产业化龙头企业 30 家（其中国家级龙头企业 1 家，自治区级 9 家），家庭农场 343 家，农民专业合作社 1 066 家。

（2）现代农业示范区创建成效明显　截至 2019 年底，北海市已成功创建自治区、市、县、乡四级现代特色农业示范区 296 个。其中，自治区核心示范区共 10 个（五星级 1 个、四星级 3 个、三星级 6 个），县级示范区 18 个，乡级示范园 41 个，村级示范点 227 个。

（二）北海市塑料大棚结构形式与受灾规模

1. 北海市塑料大棚结构形式

（1）连栋大棚　目前北海市的个体农户使用最多的便是连栋简易大棚。大棚骨架为钢结构，棚高为 1.8~2.4 m，具体高度根据作业高度来定；桩基础一般为 60~70 cm 深。大棚侧面为防虫网，满足防虫要求的同时能通风降温。

由龙头企业带头出资经营管理的大棚相对来说设施更齐全一些。大棚骨架也是钢结构，外膜为无滴膜，侧面同样为防虫网。内部安装有遮阳网，规模相对也更大一些。

（2）单栋大棚　在部分产业园里能看见单栋大棚的身影。单栋大棚骨架依旧为钢结构，内安装有湿帘-风机系统，遮阳网也是自动控制。

2. 塑料大棚受灾规模

台风对北海地区塑料大棚的破坏规模相关的资料较少，目前仍未查到具体的破坏规模与损失金额，故先列举其余地区塑料大棚的受灾情况以作参考。

（1）海南地区　海南岛位于中国南部，受热带亚热带季风气候的影响，台风多发。1966—2015 年登陆海南岛的热带气旋达 97 次，年平均 1.94 次。其中风力达到 8 级及以上的达 67 次，占比 69.1%，风力达 10 级及以上的达 53 次，占比 54.6%，风力达 12 级及以上的达 25 次，占比 25.8%，风力达 14 级及以上的达 6 次，占比 6.2%。台风在给海南岛带来降温、降雨，缓解夏日气候炎热的同时，也带来了暴风、海浪及暴雨等自然灾害，给海南岛的设施农业造成巨大经济损失。

受 2010 年 7 月 16 日登陆海南三亚亚龙湾的第 2 号台风"康森"影响,三亚中档钢架大棚有 23 220 m² 骨架受损,其中,11 808 m² 出现了棚体倾斜,11 412 m² 出现了棚体倒塌现象。简易荫棚约有 10 000 m² 出现了整体倒塌。低档钢架大棚有 3 330 m² 出现了棚体倒塌,简易钢架棚有 20 010 m² 出现倒塌。

受 2014 年第 9 号台风"威马逊"影响,海南省常年蔬菜受灾面积达 9 000 hm²,其中 1 000 hm² 大棚蔬菜,有 467 hm² 大棚造成毁灭性灾害,棚膜损坏 70%以上。

受 2016 年 10 月 18 日登陆海南万宁的第 21 号台风"莎莉嘉"影响,海南常年冬季瓜菜受灾面积达 14.2 万亩(9 466.7 hm²),2 300 万株冬季育苗瓜菜受到影响,大棚及棚内瓜菜估损 8 140.8 万元;海口市云龙镇农业生产设备设施遭到破坏,其中农业大棚基地 235 亩(15.7 hm²)全部不同程度受灾;给万宁市的农业生产造成严重影响,经济损失合计 2 757 万元,其中常年蔬菜受灾 8 050 亩(536.7 hm²)、温室大棚损毁 32.24 亩(2.15 hm²)。

(2)浙江地区 浙江地处东南沿海,几乎每年都会遭受台风的袭击,农业生产损失巨大。其中温州、台州、宁波等中南部沿海城市最易遭遇台风。

2004 年受台风"云娜"影响,温岭市损失钢管大棚设施价值 835.8 万元、竹架大棚 1 250 万元。

2005 年受"海棠"等 4 次台风影响,损失钢管大棚设施价值 658 万元、竹架大棚 3 710 万元。

2020 年受台风"黑格比"影响,临海市设施农业大棚及薄膜损失严重,其中陈崇高等 46 户核定大棚损失 135.73 亩,薄膜损失 1 079 亩。

(3)寿光地区 寿光位于山东省中北部,地处鲁中北部沿海平原区。寿光蔬菜批发市场,是全国最大的蔬菜集散中心。

2018 年受台风"温比亚"影响,寿光遭遇严重水灾,受灾的温室大棚有 10.6 万个,全国蔬菜的价格为之波动。

2019 年受台风"利奇马"影响,寿光的低洼易涝区 1.8 万个大棚进水,农田受灾面积 13 万亩,沿河部分村庄 9.3 万名群众转移安置,造成直接经济损失近 10 亿元。

(三)塑料大棚破坏因素分析

1. 构件材料强度设计不足

由于简易设施大棚建设多数没有通过专业设计,或者部分设计只是根据主观经验进行，导致大量设施大棚的材料强度设计不足，甚至在本身自重或较小的风荷载作用下就会发生变形，更不用说抵御台风了。

2. 节点强度不足

如果说构件材料强度对设施大棚结构影响较大是显而易见、容易直观理解的话，那么设施大棚节点强度不足就具有一定隐蔽性，不易引起重视。从热区沿海大量已建成的设施大棚在使用中破坏的实例来看，节点处的破坏已成为破坏的主要形式。这与目前部分施工企业队伍的"弱节点"施工理念有关。一般而言，材料的外形尺寸比较直观，不容易偷工减料；节点虽小，但其加工复杂，安装费时费工，成本高。因此施工时在节点处就尽量简化，以达到方便施工、节约成本的目的。但造成的结果是节点处连接板的厚度薄；截面尺寸小于杆件的截面尺寸；螺栓等数量少、截面小。一旦遇上灾害天气，这部分节点由于其强度远低于杆件的强度，首先就发生损坏，导致整个设施大棚的整体倒塌。

3. 设计不合理，整体结构是几何可变体系

只有当一个构件体系是几何不变体系时才能作为结构使用，在设施大棚设计建造中，最容易忽略这个问题。很多设施大棚在设计建造时不求甚解、依葫芦画瓢，没有对整个结构体系做几何组成分析，使整个体系是一个几何可变体系。

4. 膜、网破坏

薄膜和防虫网、遮阳网的破坏是设施大棚在台风中最为常见的破坏内容。主要有以下几个原因。

（1）超过使用年限　材料老化而没有及时更换。

（2）没有增加压膜线或固定不到位　在风吸力的作用下膜、网等材料与骨架结构大幅度拍打造成破坏。

（3）卡槽局部老化　在卡槽连接处由于局部温度过高，材料沿卡槽的局部老化严重，加之卡槽位置在风的作用下为主要受力点。沿卡槽处破坏几近成为热区沿海设施大棚膜、网破坏的主要形式。

二、问题与对策

（一）塑料大棚破坏形式

根据调研结果，塑料大棚结构被台风破坏的形态可划分为骨架横向变形、膨胀破坏、山墙倾斜、屋面凹陷等几种形式。

1. 骨架横向变形

塑料大棚结构较为简单，一般不设置横向斜撑、立柱等构件。当风向与塑料大棚纵向方向垂直时，塑料大棚的侧墙及屋面直接承受风荷载，若上述部位的骨架抗弯强度不足，就会发生弯曲变形，使得迎风面骨架向室内地面方向倾斜，背风面骨架向室外方向变形，导致塑料大棚被横向吹垮。

2. 膨胀破坏

当塑料大棚迎风面处覆盖材料有破损或有通风口时，风极易进入塑料大棚，造成内部空气向室外膨胀，使得塑料大棚屋面覆盖材料和屋面杆件受向室外方向的力的作用。当风速较高、风荷载较大时，就容易出现屋面拱杆变形、断裂，基础或钢管被拔出。

3. 山墙倾斜

塑料大棚的骨架属于典型的排架结构，其纵向系杆与骨架所形成的结构为四边形。当风向与塑料大棚山墙向垂直时，若山墙柱角的强度较低，就会使山墙向塑料大棚长度方向倾斜，压向后方骨架，进而使纵向系杆和塑料大棚骨架结构发生平行四边形变形，整个塑料大棚沿长度方向垮塌。

4. 屋面凹陷

该破坏形式是在风荷载作用下，塑料大棚屋面受自上而下的风压作用而发生凹陷破坏，即被压垮。

（二）塑料大棚抗台风措施

1. 单栋拱棚的防台风措施

单栋大棚的骨架破坏主要有以下两种形式。

由于缺少纵向支撑杆或支撑杆连接不牢固，在大棚端面受风载时发生纵向整体性倾覆。要抵御这种破坏，则要加强纵向支撑杆、纵向系杆、端面抗风柱的强度和连接可靠性。

沿大棚的侧向发生变形破坏。这种破坏下的拱棚主要结构材料——拱杆发生了变形。可留间距 3~5 m 布置一加强横杆，在台风来临之前增加临时加固杆（建造时预留接口），以抵抗拱杆的侧向变形。

2. 连栋拱棚（荫棚）的防台风措施

连栋拱棚四周一般采用防虫网覆盖，顶部为塑料薄膜覆盖（荫棚为平屋顶，全部为遮阳网覆盖），在风的作用下，由于立面为网状覆盖物，风进入大棚内部，对顶部的棚膜表现为"上吸"。这种情况下，薄膜极易被破坏，或发生立柱折弯、基础被拔出的破坏形式。可增加可拆卸的斜拉索，斜拉索在平时可收起来置于干燥环境中储存，防止锈蚀。在台风预警时再安装上去，可实现反复使用且不妨碍四周空间的使用，是一种有效且经济适用的防台风措施。

3. 揭膜

所谓揭膜就是在台风来临之前收起、卷起或剪开棚膜，可保证大棚骨架的安全。采取这种措施的前提是气象部门对台风强度和影响范围的准确预报。当然如果考虑到棚内种植的作物，将是很难的抉择，需要管理者权衡其利弊得失。

4. 临时加固

如不具备揭膜条件，而台风的等级已超过大棚的抗风等级，则可考虑采取临时加固措施。如在大棚四周增加斜拉撑。斜拉间距宜小于 4 m，采用镀锌钢丝绳或铁丝+地锚的方式固定；屋顶薄膜增设压膜线，间距小于 2 m；对桩基础增加临时负重，如沙袋、地锚等。

三、北海市新型抗台风塑料大棚设计方案

查阅海南地区等新型抗台风塑料大棚相关资料，结合塑料大棚破坏因素分析，新型抗台风塑料大棚主要从加强大棚骨架强度及合理设置桩基础两方面入手。

1. 加强大棚骨架强度

海南大学某团队设计了大锯齿形连栋大棚。在结构设计中，他们将大棚屋架焊接为整体，类似整体桁架结构，再与立柱高强螺栓有效连接；柱脚采用刚接，有效减少立柱在平面内的计算长度，增加结构在水平荷载作用下的稳定性。

2. 合理设置桩基础

某公司设计的抗台风塑料大棚，其重点放在桩基础设计上。通过第一固定装置和第二固定装置与各固定支脚的紧密连接，使得基础与地面紧密相连，不易脱离地面，同时大棚框架和基础也紧密连接，防风效果大大增强。

四、总结与展望

北海目前正大力发展大棚果蔬产业，但农户修建的大棚普遍比较简单，在不揭膜的情况下大棚抗台风性能较差。

台风对大棚的破坏作用从海南等地区的受灾数据能看出来，一旦没有做好防御工作，台风对设施农业的打击是毁灭性的。虽然近些年来在北海并没有出现等级较高的对设施农业影响较大的台风，但北海是易受台风影响的城市，在发展大棚设施时做好预防台风的工作至关重要。

对于新建大棚，建造时便应该考虑抗台风功能，可以引进新型抗台风大棚；对于原有大棚，可以在现有的基础上考虑加固措施，加强骨架强度。

陆沛羽

天津市部分农村污水问题
现状及分析

  天津市位于我国华北地区的最大水系海河流域下梢区域，华北平原北部与渤海的交界地带，地处环渤海经济圈的中心位置，是永定河、潮白河、蓟运河等诸河的聚集之地。城市发达，人类活动强度大。工业历史悠久，自清朝末年开始即成为著名的工业城市，我国北方最早的机械加工厂、碱厂、盐厂、纺织厂、船厂等都诞生于此。

  据 21 世纪城市水资源国际学术研讨会透露，联合国已经把我国列为世界上13 个最缺水的国家之一，目前我国人均用水量是世界人均用水量的 30% 左右。可以看出，中国的水问题已经十分严重了。尤其在农业生产中，水资源一直是农业生产赖以生存的自然资源。

  随着"京-津-冀"地区社会经济的协同发展，天津在迅速发展经济的同时，农业生产也在蓬勃发展，然而并不匹配的农业生产设施导致污染物排放量很高，地表水环境质量逐渐恶化，生物多样性及资源量受到很大破坏。同时，由于其独特的地理位置，当地产水量少，资源型缺水极为严重，属于重度缺水地区。天津市天然河流众多，分布较为密集，河道总长度达 2 522.03 km。农村河网由流经城市和农村范围内的河道连接而成，是农村生态环境的重要组成部分。天津的地表水污染状况十分严重，因此，对天津市部分农村的污水资源进行调研分析。

一、现状调查

（一）调研地点概况

在调研地选择方面，考虑到工业几乎不会产生黑臭水体，黑臭水体多为农业污染造成，既然所调研的方向为污染处理与防治，因此，选择了黑臭水体问题和劣 V 类水体较为严重的 W 镇。

（二）调研方法

1. 实地考察取样

到黑臭水体所在的 E 村、F 村、G 村、H 村、I 村进行取样，选取的是 E 村 1 号坑、E 村 2 号坑、F 村 3 号坑、F 村 3 号坑北沟、G 村南大沟、H 村支渠、I 村 1 号坑。分别对当地的黑臭水体当前情况进行实际记录。再到劣 V 类水体问题严重的 A 村、B 渠闸口、C 泵站和 D 村对劣 V 类水体目前情况进行实际记录。

2. 水质检测报告

对于取样的水体进行黑臭水体相关指标的检测评估，生成相应的水质检测报告，直观地描述其水质情况。

3. 对比水质标准

与国家或地方政府制定的相应水质评判标准对比，找出问题所在（表 1、表 2）。

表 1　劣 V 类水体标准

检测标准/（mg/L）	指标阈值
COD	>40
氨氮	>2.0
总磷	>0.4（湖、库>0.2）
高锰酸盐指数	>15

表 2　黑臭水体标准

检测标准	指标阈值
氨氮/（mg/L）	>15
溶解氧/（mg/L）	<2
透明度/cm	<25*

＊注：水深不足 25 cm 时，透明度按水深的 40%取值。

4. 调查问卷

发布重点流域水生态环境保护"十四五"规划调查问卷，收集民意诉求。

（三）调研结果

1. 实地考察初步成果

（1）实地考察黑臭水体记录　经过实地考察，能很明显地感受到当地黑臭水体情况，E 村 1 号坑、2 号坑、F 村 3 号坑北沟和 I 村 1 号坑的水体依旧存在黑臭现象，水体颜色为绿色，伴有阵阵氨氮的味道；F 村 3 号坑的水体颜色为墨绿色，氨氮气味明显，属于黑臭现象比较严重的水域；G 村南大沟虽然水体为淡绿色，也没有明显的氨氮气味，然而其水中杂质居多。H 村支渠水体为浅绿色，透明度较好，也没有气味。

（2）实地考察劣 V 类水体记录　经过实地考察，4 个劣 V 类水体水域中，A 村和 B 渠闸口水体颜色为黄色，同时伴有一些刺激性气味，而 C 泵站和 D 村的水体颜色为淡绿色，几乎没有味道。

2. 实地考察初步分析

（1）黑臭水体改善情况　根据初步判断，H 村支渠已经基本摆脱了黑臭水体并优于劣 V 类水体标准，E 村 1 号坑、E 村 2 号坑、F 村 3 号坑、F 村 3 号坑北沟、G 村南大沟、I 村 1 号坑达到劣 V 类水体标准。

（2）劣 V 类水体改善情况　根据初步判断，A 村和 B 渠闸口的水质还不容乐观，正在朝黑臭水体方向发展；而 C 泵站和 D 村的水质已经得到一定的改善，逐渐向 V 类水质标准发展。

3. 水质检测结果

（1）黑臭水体检测结果　对于采样水体进行氨氮浓度、溶解氧浓度、透明度的检测分析，得出以下对比结果（表 3 中标▲的为达到劣 V 类水体标准且未达到黑臭水体标准，标△的为达到黑臭水体标准）。

表 3　黑臭水体检测结果

采样地点	检测项目与测定结果			状态描述
	氨氮/（mg/L）	溶解氧/（mg/L）	透明度/cm	
E 村 1 号坑	3.42▲	5.2	70	淡绿无味
E 村 2 号坑	3.65▲	4.0	72	淡绿无味

（续表）

采样地点	检测项目与测定结果			状态描述
	氨氮/（mg/L）	溶解氧/（mg/L）	透明度/cm	
E村3号坑	2.63▲	6.0	105	淡绿无味
F村3号坑北沟	2.08▲	2.1	60	淡绿无味
G村南大沟	8.81▲	0.6	45	淡绿无味
H村支渠	0.496	5.3△	55	淡绿无味
I村1号坑	11.8▲	5.8	70	淡绿无味

由表3可看出，除G村南大沟还属于黑臭水体标准外，其他的都已经摆脱了黑臭水体转变为劣Ⅴ类水体，甚至H村支渠已经不再是劣Ⅴ类水体。

（2）劣Ⅴ类水体检测结果。对于采样水体进行COD、氨氮浓度、总磷浓度、高锰酸盐指数、pH这5个数据的检测分析，得出以下对比结果（表4中标▲的为达到劣Ⅴ类水体标准且未达到黑臭水体标准）。

表4　劣Ⅴ类水体检测结果

采样断面	检测项目与测定结果					状态描述
	COD/（mg/L）	氨氮/（mg/L）	总磷/（mg/L）	高锰酸盐指数/（mg/L）	pH值	
A村	46▲	1.94	0.95▲	11.7	7.03	浅黄有味
B渠闸口	49▲	2.88▲	1.72▲	19.4▲	7.27	黄色有味
C泵站	31	2.70▲	0.13	8.7	未测	淡绿无味
D村	27	2.19▲	0.50▲	7.8	未测	淡绿无味

由表4可看出，A村和B渠闸口两个观测点的水质情况并不乐观，正在朝向黑臭水体方向发展，而C泵站和D村的水体正在转好，逐渐向Ⅴ类水体发展。

二、问题与对策

（一）目前存在问题

1.氨氮含量过高

氨氮在农业生产中，重要的来源为化肥农药。近年来，农药、化肥的使用量日益增多，而使用的农药和化肥只有少量附着或被吸收，其余绝大部分残留在土壤和飘浮在大气中，通过降雨，经过地表径流的冲刷进入地表水和渗入地表水形成污染。生活污水中氨氮一般来源于人类的排泄物，经过微生物发酵分解后会产生铵盐，排入水体中会造成一定程度的污染，但这并不是主要的，生活污水中氨氮含量远远低于农业污水。

2. 总磷含量过高

农用肥料和农药中含有大量的磷元素，同氨氮一样，如果不加以正确处理，过量的磷元素就会渗入到土壤中，并逐渐流入至地表水中，这样地表水总磷的浓度上升，就会造成污染。生活污水中的磷来源广泛，种类复杂，其中的合成洗涤剂、含磷洗衣粉、人类排泄物、废弃食物中都含有大量的磷。现在的生活污水排放量越来越大，是导致生活污水磷超标的主要原因。

3. 溶解氧减少

正常情况下，溶解氧的消耗途径有4种：水生生物呼吸消耗、有机物氧化分解、正常逸出、塘底消耗等。然而污染水体中，溶解氧会被大量消耗，造成水体呈现缺氧状态，消耗形式一般为有机物的过度分解。

4. COD过高

COD反映的是水中有机物质含量多少，因此COD越高，代表污水中污染物越多，水体清洁能力越差，污染相应更严重。

（二）问题存在的原因

前面分析氨氮和总磷主要来源于化肥和农药的使用。根据实地勘察和调查问卷数据统计，以上区域都不同程度地存在化肥农药滥用现象。所以氨氮和总磷过高的直接原因为氨氮和总磷的滥用，根本原因是管理上的疏忽。我国于2017年修订了《农药管理条例》以及《肥料登记管理办法》，但是由于没有落实工作，造成徒有其法的现象。农药和肥料的滥用情况还是没有得到解决。

造成溶解氧指数过低以及COD指数过高的直接原因是农村污水大多直排，导致水中有机物过多。根本原因是农村没有完善的污水处理设备，没有污水处理厂处理污水，导致排入水域的污水并没有经过完善的处理。

一般造成透明度过低的直接原因为水体中杂质较多，杂质覆盖在水面上或者悬浮在水体中。根本原因是水体中有机物过多，由于水体中溶解氧含量较低，导致有机物的不完全分解，产生很多的杂质。由于这些水体的自净能力很低，杂质就会积累在水体里。

（三）现有解决对策

生化法——即向受污染水体中投放微生物，如硝化细菌、光合细菌等。其中硝化细菌能够分解氨和亚硝酸等有害物质，最终转变为低毒性的硝酸盐；光合细菌泼到水池以后，利用光能，吸收 CO_2、氨态氮、硫化氢或有机物，进行大量繁殖，向水中释放氧气，增加水中溶解氧指数，进而净化水质。

除此之外，还有如改善种植结构，控制化肥及农药的使用量；对各农业建筑的污水处理设施进行改进；对排放的农业废水制定合适的标准，不能随便处理就排放甚至直排；各乡村定期清理水体中的杂质等。

韩 非

白音锡勒牧场
"牧民幸福感" 调研

幸福感是一种积极的心理感受和认知，"牧民幸福感"是牧民切实感受到实惠和好处的最直接体现。当前锡林郭勒盟正处于牧业结构调整与产业升级的新时期，牧民的心里充满了矛盾与困惑，围绕"牧民幸福感"开展调研，对认真解决好牧民的生产生活问题，转变牧民的发展思路，改善牧民的生活质量具有重要意义。

2020年8月24日至9月11日，我完成了为期3周的专业实习和调研。第一周主要以走访白音锡勒牧场黄花树特分场散户牧民、基层政府，了解基本情况为主，并根据了解到的情况有针对性地进行文献检索，设计调研问卷的问题及选项；第二周发放、回收调研问卷，问卷包括基本信息部分、牧民幸福感部分和主观问答部分，通过分析问卷，找出了对牧民幸福感影响最大的因素——收入；第三周开始研究提升牧民幸福感的方法，即促进牧民增收的新途径，走访了本地两大知名品牌，通过分析"牧户+合作社+企业+互联网"的商业模式，了解到市场经济对现代畜牧业"专业化、标准化、效益型生产"的要求，得出未来地区牧业发展要通过供给侧结构性改革，以市场经济的思维谋划产业工作，以工业化的手段谋划产业发展的结论。

一、白音锡勒牧场 "牧民幸福感" 调研

（一）调研地点概况

本次调研地点为内蒙古自治区锡林郭勒盟锡林郭勒草原白音锡勒（译：美丽

富饶）牧场。位于东经 115°、北纬 43°交会处的锡林郭勒草原自古以来就是珍稀的天然牧场。白音锡勒位于锡林郭勒盟东南，海拔高度在 1 000~1 500 m，气候类型为温带半干旱大陆性气候。总面积 3 463 km²（519.45 万亩），占锡林浩特市牧区总面积的 23.37%。距首都北京 640 km，距盟所在地锡林浩特市 52 km。地带性土壤为栗钙土。羊草群落和大针茅群落是主要优势植物群落，牲畜种类主要以羊、牛、马等大型牲畜为主。

（二）调研方法

通过走访牧户、访谈白音锡勒牧场七连分场副书记，了解当地散户牧户基本信息及生活状况后，撰写调研问卷。因牧民文化水平和普通话表达能力的限制，问卷以选择为主，填空为辅。共包括基本信息部分（年龄、民族、宗教、婚姻、学历、总人口、饲养规模等）、牧民幸福感部分（健康医疗、草场状况、幸福指数、收入满意度、主要影响因素等）和主观反馈部分（提出自己生活所遇问题及建议）。偏远地区牧户以"问卷星"的形式参与调研，牧区及"牧民新村"小区走访调研以纸质版形式进行发放、回收。

（三）调研结果

市内新区牧民座谈 4 户，白音锡勒七连牧场走访 5 户，偏远地区网上反馈 4 户。总计 13 户牧民参与了本次问卷调研，共涉及 39 人。其中大畜户（200 只羊以上）7 户，小畜户 2 户，无畜户 4 户。

1. 牧民收入增速放缓，弃牧牧民生活贫困

表 1 中 1~4 号为市内"牧民新村"小区牧民，5~13 号为草原牧区散户。其中，1 号、2 号牧民为自费购买城市楼房，3 号、4 号牧民为接受一次性草场交换的生态移民。由于牧民的综合适应能力差，生态移民后的产业转移有较大困难。从生活状况看，转移进城后的大多数牧民除了居住条件有改善外，收入有不同程度的减少，生活消费水平有不同程度的下降。尤其是 30~50 岁的牧民，没有老年人的补贴救济，适应性也不及年轻人。弃牧移民牧民收入成为棘手问题。

除弃牧牧户外，牧民近 5 年收入呈现缓慢增长态势。牧民与畜牧业有着密不可分的关系。让牧民接受培训转行的措施只适宜年轻人。加大弃牧移民牧民财政补贴，从发展的角度看也不是长久之计。

表1　牧民收入数据

序号	家庭饲养规模	家庭年收入/万元	收入满意度/%	个人工资收入/万元	家庭借贷款/万元	幸福指数
1	无畜户	5	40	5	5	48
2	羊500只、牛25头	40	72	10	无	93
3	羊200只	1	20	无	10	50
4	羊100	1	6	1	10	49
5	羊300只、牛60头	50	90	5	20	90
6	无畜户	30	90	5	无	90
7	羊400只、牛50头	40	100	5	无	98
8	羊450只、牛20头	30	90	5	20	89
9	羊200只、牛40头	30	90	7	无	96
10	无畜户	8	80	无	10	70
11	羊160只、牛30头	25	90	4	30	80
12	羊400只	30	89	4	10	90
13	无畜户	3	80	无	无	75

2. 牧民收入渠道单一，畜牧业仍是牧民收入主体

畜牧业是牧民家庭的支柱产业，活畜买卖是牧民主要收入来源。"打工收入"主要是指无畜户给大畜户打工。打捆草收入、打工收入、转移性收入等都与畜牧业间接相关。以畜牧业为主的第一产业是牧民收入主体，牧民家庭经营收入中的二三产业比重低（图1）。

3. 牧民增收是提升牧民幸福感的关键因素，畜牧业增量增收后劲不足

对于提升牧民幸福感，牧民们选择最多的分别是：提高转移性收入和工资性收入、稳定销售渠道、借贷利息减少和更加健康。表1的牧民收入数据也显示：牧民收入满意度与牧民幸福指数呈正相关。

数量（头数）畜牧业的发展在一定范围内有效促进了牧民增收，但增量增收的道路受到生态保护政策的约束，牧民的家庭生产规模过大，也会带来租赁草场费用高昂、网围栏等生产资料投入过大、承担更多的生产风险等问题。牧民开始渴望通过补助、工资、保价保销路等方式提高收入。但长远来看，这些措施的增收效果有限，长久持续增收还需另找出路（图2）。

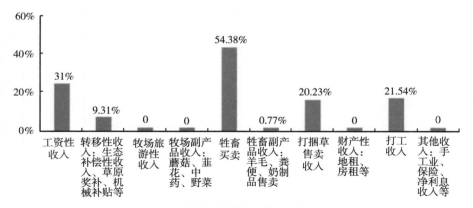

图 1　牧户主要收入来源及占比

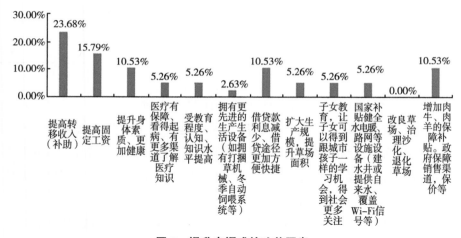

图 2　提升幸福感的改善因素

二、问题与对策

单家独户的畜牧模式是历史发展的产物，在一定程度上提高了牧民的劳动积极性。增量增收在一段时间内曾有效提升牧民收入，但近些年增量增收受到环保、高昂租金、人力物力等多方约束，增量增收已经无法满足牧民要求。

要加速"增量增收"向"增质增收"的思维转换，形成"牧户+合作社+企业+互联网"的增收模式（图3）。

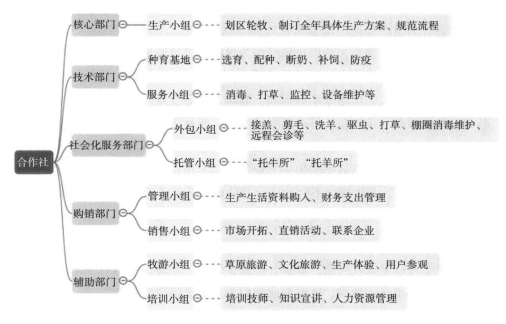

图3　合作社经营项目及内容

"牧民幸福感"调研结果显示：草场租金、打草设备、人员佣金、网围栏等生产资料支出是牧民的主要支出，除日常开销外，租金支出占比最大。加入合作社，牧民没有了草场租赁费、草场维护费、打草费等主要支出项目，除分红外，牧民还可选择打工增加收入。合作社统一采购生产资料和销售畜产品，讨价还价能力强，既节约了成本，又提高了收益。很大程度上规避了一些市场经济发展中的风险。在合作社模式下，通过整合、打通草场，拆除网围栏，实现划区轮牧、草场补播，草原得到有效修复，草畜平衡制度得以良好推行。

"牧户+合作社+企业+互联网"产业链中的各元素都具有不可或缺的作用，并且都促进着相邻元素的发展。调研了解到，黄花树特分场的年轻人曾经试图通过微信公众号宣传销售自家羊肉，但个体力量微薄，微信公共号浏览访问量上不去、宣传范围难以扩大，出现了肉类产品包装保质期短、物流售后难等诸多问题。企业主要负责畜产品的加工、销售，但企业能力不足以实现地区草原散养牧业的规模化养殖。现代化畜牧产业链包括：牧户资源整合、合作社饲养、企业加工、电商销售。品牌的建立与发展需要产业链各元素合作完成。

白音锡勒牧场黄花树特分场地处草原深处，距离市区遥远，信息闭塞。牧民们与其他地区的牧户缺乏交流，牧民们需要通过走访盟内优质合作社、优质品牌，借助各方力量，加速"增量增收"向"增质增收"的模式转换。

畜产品终究是消费品，要以市场经济为导向。高体验度和高性价比两个要素是主导市场的主要因素。对于生活享受品类，消费者更加倾向于优质产品和优质的服务体验。随着人们生活水平的提高，高端畜产品受众增加，人们愈发重视知名品牌、优质服务、精美包装等产品附加部分。锡林郭勒地区散养畜牧业本身具有历史、成本、质量等天然优势，在大健康时代下，极具发展"钱"景。

发展要因地制宜。高效率的集中工业化舍饲养殖是发展主流模式，但在草原牧区，"人–草–畜"共生理念不会改变，散放游牧传统不会改变，未来要以智能化、信息化因地制宜发展精准畜牧业。

三、致谢

回顾半个月以来设计问卷、收集、整理、思索、停滞、修改直至最终完成的过程，我得到了很多的帮助，此刻要向他们表达我最诚挚的谢意。

首先是我的母亲，在半个月实习期内，每一次母亲都驱车送我前往牧区，在整个过程中给了我无尽的支持和关爱。

其次非常感谢我的指导老师——李浩老师，以及团队内的其他老师，他们对我的调研提出了许多宝贵意见，老师们非常和蔼可亲，给予我悉心的指导和热情的帮助。

对我而言，此次实习是我人生中的一次宝贵经验，我的文章撰写能力、与牧民的交谈能力都得到了大幅提升，在未来的学习生活中，我将继续保持对畜牧、对草原的热爱，进行更深入的钻研。本次调研难免有不足之处，恳请各位老师和同学批评指正！

彭 澄

我国城市与小城镇
第三产业发展规划的重点

——以《青羊区高质量发展战略规划》《梅河口市建设
区域中心城市和高质量发展先行示范区规划》为例

　　时光飞逝，转眼间长达4周的实习工作已经接近尾声了。在中国城市和小城镇改革发展中心工作的这段日子里，我通过和《青羊区高质量发展战略规划》（以下简称为《青羊区》）项目组、《梅河口市建设区域中心城市和高质量发展先行示范区规划》（以下简称《梅河口》）项目组、《德阳市旌阳区高质量发展战略规划》（以下简称《德阳市》）项目组的老师们一起工作，学习到了很多宝贵的知识，许多办公技能更熟练了，也磨炼出了严谨认真的学习与工作态度。另外，在城市规划方面，我也通过不断思考，总结了我国城市与小城镇产业战略规划的重点，有了更深刻的体会。下面我将对实习的所思所想进行总结。

　　在我国改革开放的这30多年中，我们一直都十分重视产业结构的调整，几乎在不同时期特别是经济发展的不同阶段都有不同的产业结构调整任务。未来一个时期我国产业结构调整将呈现一种新的趋势，要实现我国产业结构的调整和优化升级的目标，目前关键是以技术进步促进现代服务业的发展，重点发展科技含量高和劳动生产率高的现代服务业[1]。

　　我国城市经济结构中，第三产业的发展水平偏低：城市快速运网尚未最后形成，市内公交企业亦未步入良性循环轨道；电力生产虽有改善，但电网继续改造，电力服务有待改进；商业流通企业数量不少，但服务项目、服务质量亟待拓展提高；城市住宅、医疗、文化教育、体育等，由于非市场化运作，刺激出过量需求，扭曲了供给与消费的关系，一定程度上阻滞了国民经济的良性发展……

第三产业是城市经济的重要组成部分，随着国民经济逐步转向集约化和社会化，第一产业、第二产业的发展，越来越依赖于第三产业能否提供及时的信息、更新的技术、优良的服务和适用的人才。同时门类众多的第三产业正是城市多种功能的载体。随着人民收入水平的提高，消费需求将从量的增长转向质的提高，从单一化转向多样化、个性化，从物质领域延伸到精神领域，从生存的需求转向发展的需要。只有大力发展第三产业，建立社会化服务体系，才能满足人民日益增长的物质和精神文化生活需要，才能充分发挥城市功能[2]。因此，探究在城市发展战略部署中第三产业发展的重点是十分必要的。

青羊区，四川省成都市辖区，是成都市的中心城区，是古蜀文明和诗歌文化的发源地之一[3]。从国际上看，成都的国际影响力不断提升，其发展不断得到国际认可；从国内看，《2017 中心城市发展年度报告》通过对国内外大城市发展的横向对比和综合研究，构建了国家中心城市的评价指标。其中成都排名第五，是第二梯队的领头羊。青羊作为成都的核心城区，如何顺应城市发展趋势，充分发挥先发优势，承接核心功能，有力助推成都建设国家中心城市是战略上的关键。从产业发展情况和三次产业比例关系可以发现，青羊区处于后工业化阶段，迈入以服务经济为主导发展阶段，优化服务业与提高服务业质量是发展核心。该项目将青羊区定位为"千年蜀都，文博青羊"，实现国家一流的金融商务中心、国际天府文化特质的文化创意产业核心区、彰显千年蜀都气质的天府文化交流与集中展示中心。

梅河口市，吉林省直管县级市，是吉林省中部和东部核心区的节点城市、东南部区域中心城市，吉林省东南部交通要冲和东北地区重要的交通枢纽之一，是吉林省东南部重要的商贸物流中心，煤炭生产集聚地[4]。同时，梅河口市具有建设医疗器械产业园的基础[5]。从吉林发展战略布局出发，提出了建设高质量发展先行示范区的意见，定位为：创新发展的新高地、现代化区域中心城市、向南开放的中心枢纽、城乡融合发展的样板以及生态宜居民生幸福标杆。

一、符合上级要求，因地制宜

对于我国城市与小城镇第三产业发展规划，首先要符合国家与当地政府的要求，做适宜我国发展重点的战略部署。

2017 年 5 月，国家主席习近平在"一带一路"国际合作高峰论坛开幕式上的演讲中指出，"产业是经济之本"，与沿线国家建立合作关系，以互联互通促进沿线国家投资和贸易的发展，推进国际产能合作[6]，实现产业与区域协调发展。在《梅河口》项目中，中共吉林省委、吉林省人民政府提出"加快构建'一主六双'产业空间布局"，一主即《长春经济圈规划》，六双为双廊、双带、双线、双通道、双基地、双协同6个规划。该规划全面对接了东北振兴方略和国家相关重大规划，是落实吉林省"三个五""三大板块"建设的载体，也是我国当下关于产业协调发展这一战略重点的引领。符合上级领导对战略规划的要求，有助于规划者制定出符合国情、高质高效的战略规划。

二、了解当地产业基础，发挥产业优势

第三产业的规划应建立在当地产业基础上，充分发挥优势，弥补不足。

例如，医药产业是梅河口市四大主导产业之一。梅河口已被确定为吉林省医药高新技术特色产业基地，先后引进落户了国内排名前列的医药企业集团，已经形成了一定的集群集聚效应。据梅河口市委副书记孙维良介绍，医药产业占当地财政收入的70%，该市医药产业产值占吉林省全省医药工业的15%~20%[7]。但同时，当地医疗产业发展方式仍较为传统和初级，未能与其他产业形成协调合作，一些核心的技术研发机构落户外地，未能吸引人才与高新技术。为此，我们在《梅河口》项目中一方面提出建议当地加快传统产业改造升级，建立"数字+产业提升"工程，突出发展数字+医药健康产业，加快区块链和5G技术应用，推动共享经济、电子商务、远程医疗、网络直播等新业态健康发展，打造具有梅河口市特色的数字经济。另一方面，也要促进创新要素加快聚集。积极争取国家和省级重大科技项目、创新示范项目落地梅河口市。吸引省内外高效在梅河口市办学，支持省内外研发机构在梅河口市创办研究院、专家工作站、技术转移机构，支持梅河口市依托骨干医药企业建设医药健康产业区域创新研发中心和医疗器械检验检测中心。

又如《青羊区》项目。在文化产业方面，青羊区有丰富的文旅资源，例如，文博资源，青羊区内各类博物馆、陈列馆20家，其中国有博物馆10家，非国有博物馆10家，博物馆数量占全市的百分之32.4%，在全市博物馆数量上占有绝对优势，同时可移动文物数量占比甚至达到了成都全市的75.6%，说明青阳博物馆、陈列馆不仅数量庞大，而且文物储量惊人，质量优，可开发利用文博资源多，未来可为青羊发展文博创意产业提供有效支撑。除博物馆之外，青羊区文创场所也众多，在数量和知名度上都远远超过其他市县。因此，青羊区发展文化产

业拥有雄厚的基础和实力。然而该地虽有充足的文化底蕴，但文化资源亟待激活。该地一些已有的城市文化"名片"，例如，宽窄巷子，杜甫草堂等著名文化旅游景区，关注度逐渐出现下降的趋势。草堂仍以简单的参观为主，主要依靠"门票经济"，涉及杜甫的历史文脉和诗词文化的市场价值并未得到充分挖掘。而宽窄巷子虽然是早期文化街区改造的典范，至今仍能吸引广大游客，但常规、单一的观光、餐饮业态模式难以产生较大的文化附加值。再有，当地的文化场馆虽然丰富，但举办活动频次低，内容形式单调。对青羊区近 3 年所承办的市级文化活动进行梳理发现，2015—2017 年活动多以演唱会、论坛、会议为主，共 10项市级以上文化活动。个性化、自组织的文化活动，例如，小型音乐会、戏剧、讲座、展览等，在各中心城区数量上青羊区仅有 92 项，远低于武侯区 379 项和锦江区 179 项（图 1）。

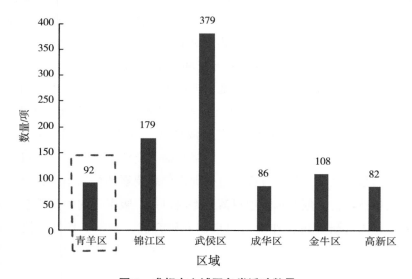

图 1　成都中心城区各类活动数量

对此，我们提出应推进青羊区文化资源产业化的开发，促进城市名片品牌化。2016 年以来故宫与阿里联手打造文创 IP，吸引年轻消费者，从品牌亲民化、产业品牌化、用户年轻化、营销多元化等角度入手，开发了多元化的文化衍生产品。放眼青羊，我们可以推动宽窄巷子、杜甫草堂等城市文化名片的品牌化和产业化，充分利用品牌优势的知名度，结合成都文化中心建设的重要机遇，开拓文化、旅游、商业、城建业务板块进行"宽窄巷子"品牌策划，推出一系列以

"慢生活"为主题的文化产品，取得文化多元的传播以及高附加值的收益，实现宽窄巷子品牌的文化价值和商业价值双重飞跃。详细流程如图 2 所示。

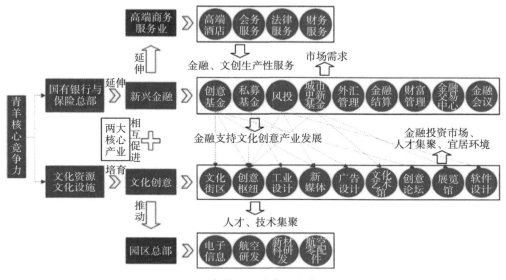

图 2　青羊新经济产业生态圈

三、产业协同发展，相互促进

构建示意图第三产业涵盖了各个领域，而每部分产业都难以独力发展壮大，更多的是要依靠各个产业之间的协同促进而进步。

如《青羊区》项目。青羊有两大产业核心竞争力。一是基于其城市区位优势与行政文化资源而产生的传统金融产业，集聚了大量国有金融企业及保险企业，具有总部聚集优势。二是由于其是成都市天府文化、蜀都气质最具代表的区域，同时也是省、市文化设施最为聚集的区，在此背景条件下产生的丰厚文化底蕴。因此我们建议建立以高端金融商务、文化创意及总部经济为核心的高质量共融共生现代新经济产业生态圈，主要的 4 个部分为国家一流的金融商务中心、具有国际天府文化特质的文化创意产业核心区、彰显千年蜀都气质的天府文化交流与集中展示中心和具有西部区域影响力的总部经济集聚区。新型金融为文化创意与总部经济产业的发展提供多元多样及高质量的资金支持与服务，同时也推动高端商务服务业的发展；而文化创意、高端商务服务及总部经济的发展也会推动人才聚集、宜居环境、文化氛围等方面的升级和发展，为金融产业提供良好的软硬发展环境。详细结构如图3所示。

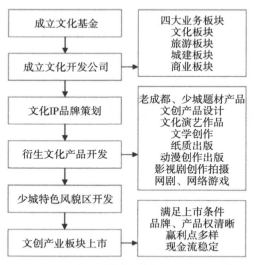

图3 宽窄巷子文化资源品牌化、产业化路线

四、多领域协调合作

产业的发展要与其他要素相适应。产业升级转型、价值规律和利润的实现，均需要高效综合交通体系的支撑。产业的升级转型和要素的空间转移，带来了综合交通需求的差异化和多元化，交通运输成本相应地从经济成本变迁到时间成本[8]。新型城镇化的推进离不开交通、产业、空间协同发展的条件，产业是基础，空间是容量，交通是工具。

《青羊区》项目中，在统筹考虑青羊区产业现状分布、城市建设与规划设计等要素的基础上，协同产业、空间与交通三要素，在金融商务、文化创意与总部经济为主导的现代经济产业生态圈框架下，空间上打造高端金融商务集聚区、青羊工业总部经济集聚区；依托既有银行保险等金融机构的集聚优势在城市治理、环境治理等举措下，主要集聚国家、区域级的金融总部、高端法务咨询、保险等高端金融商务商业业态；环西南财大金融商务集聚区：依托西南财大的金融教育与人才资源，在城市管理与环境改善提升举措下，打造金融教育、人才培训、人力资源服务等业态；青羊工业、绿舟总部经济集聚区：以现有总部经济园区为基础，以互联网、工业设计、建筑设计、广告设计等中小企业总部为核心业态；成飞军民融合产业集聚区：集聚航空设计、自动化设计、控制系统、航材研发等企业的区域总部；文殊院、杜甫草堂、名堂、金沙、非遗博览园等多个文化创意枢纽：为中小型文化创意产业提供初期的融资咨询服务、人才服务、展示展销服务等。布局如图 4 所示。

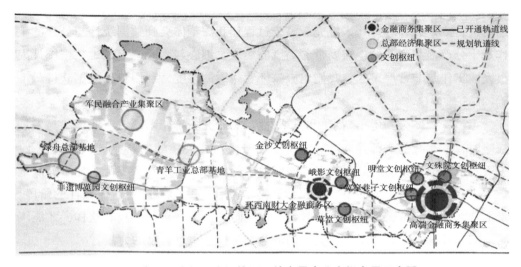

图4　产业、空间、交通协同下的主导产业空间布局示意图

国际国内发展实践表明，经济增长是长期动态过程，也是产业结构不断调整的过程。展望未来，中国经济发展潜能依然巨大，需要我们不断努力做出适宜我国经济现状和发展规律的产业（尤其是第三产业）的战略决策，重点以技术进步促进现代服务业的进步，引导产业结构升级与产业协同发展，持续激发新动能、迸发新活力，从而推动经济发展质量不断迈向更高水平。

在这 3 周中，我在《青羊区》项目组、《梅河口》项目组、《德阳市》项目组中完成了许多工作，学习到很多校内从未接触过的知识，积累了许多十分宝贵的经验，留下了很深刻的记忆。

第一，我学习到了许多知识，锻炼了各方面的技能。例如，在阅读资料与案例时，我学习了习近平主席关于我国建设现代化经济体系和经济高质量发展的相关要求；在通过各地统计年鉴与《国民经济和社会发展统计公报》收集与梅河口对标的百强城市经济统计数据时，我学习了各个经济指标的含义以及如何去利用经济学原理分析各个要素对全要素生产的贡献，也锻炼了自己的数据查找能力；在利用 Excel 绘制统计图表、利用 Visio 绘制产业链全景图时，我尝试了许多软件的不同功能，强化了自己使用计算机的技能等。

第二，我深刻地体会到严谨与认真在工作中的重要性。在查找数据时，各地的统计年鉴编制状况各不相同，其中的数据提供与展现情况也各有差异，因此要收集到不同地区的各个数据需要大量查找、阅读与反复核对。对于缺失的数据，还需进行一定的合理计算来补充。整个过程让我深刻体会到数据统计与处理的工作是十分严谨与辛苦的，需要带着高度的集中、细心与耐心来完成。数据统计人员完成工作是非常严肃的，我们也应该怀着相同的态度，利用精确数据获得最准确的结论。

第三，我体会到了不断求知的重要性。在研究关于德阳第二产业现状与发展战略时，带领我的老师并非产业学专业出身，对相关领域的产业链、领军企业、关键短板和突破方向了解也不多。面对组内的任务，她也是从零开始加班加点地学习，并不断向身边的同事、专家请教。这教会了我，不论到达什么样的阶段，走上什么样的职位，都需要不断学习，扩展眼界，丰富自己。只有这样，才能不断适应职业的需求，才能解决更多的问题，为社会贡献自己的力量。

第四，我也经历了职场生活的初次体验。每天按时上下班，认真完成工作，与同事们和谐相处，这样的氛围是只坐在学校里所无法感受到的。在经历了这次实习后，我也自主去解决了工作上大大小小的问题，积累了不少的职场经验。相信这些经验会帮助我在未来的实习与工作中更加灵活地完成工作、展现自己。

参考文献

[1] 张勇．打好产业结构调整这场攻坚战［EB/OL］.（2021-01-04）［2020-01-10］http：//news. sohu. com/20100104/n269361523. shtml.

[2] 顾朝林．中国新型城镇化之路［M］.北京：科学出版社，2019.

[3] 青羊区人民政府．青阳概况［EB/OL］.（2018-09-26）［2020-01-03］http：//www. cdqingyang. gov. cn/qyq/qygk/2018-09/26/content_eb01656fc54d41468d855621507d39e7. shtml.

[4] 李伟．梅河口市医疗器械产业园建设项目［EB/OL］.（2021-01-08）［2020-02-04］http：//www. jl. gov. cn/szfzt/tzcj/zdxm/yyjk/202001/t20200118_6545790. html.

［5］ 卫玲．一带一路：产业与区域协同发展［EB/OL］.（2017－08－30）
　　　　［2020－01－03］ http：//www. cssn. cn/zx/201708/t20170830_3624481.
　　　　shtml.

［6］ 石兰兰．梅河口：医药产业聚集城市［EB/OL］.（2019－09－23）
　　　　［2020－01－05］ http：//district. ce. cn/newarea/roll/201909/23/t20190
　　　　923_33205415. shtml.

［7］ 徐佳．产业、空间、交通协同发展 为成都新经济发展奠定坚实基础
　　　　［EB/OL］. 2017 ［2021. 12. 20］. http：//cd. newssc. org/system/
　　　　20171110/002304504. html.

郭宇博

发展蚕桑循环产业
开辟邢村振兴新路

　　说起养蚕栽桑，就一定会想到丝纺业久负盛名的太湖流域、气候温润的四川盆地和全年无霜期达350 d的珠江三角洲地区这三大全国闻名的蚕桑养殖基地。但是在河南省汝州市的一个贫困小村庄，它没有悠久的丝纺文化，没有温和的气候，有的只是冬天的寒霜飞雪，但是这里的村民就是依靠这种可能无法预想到的全新生产模式，在助力全国乡村振兴的浪潮中，开出了最绚烂的一朵浪花。

　　自2015年以来，汝州市邢村按照产业兴旺、生态宜居、乡风文明、治理有效、生活富裕的总要求，坚持以产兴村、以策扶村、以文化村、以法律村，在村委和汝州市财政局驻村扶贫工作队的带领下，积极推进蚕桑产业发展，走出了一条循环、融合、高效的蚕桑产业高质量发展之路，摇身一变从省定贫困村变为脱贫致富"明星村"，成为国内平原地区贫困村创新发展的范例。

一、邢村桑蚕养殖发展现状

1. 邢村桑蚕养殖发展概况

　　"户种十亩桑，迈步奔小康"，现在这句标语在邢村的道路两旁随处可见。曾经的邢村只是个名不见经传的穷乡僻壤之地。邢村位于汝州市焦村镇南部平原地区，面积约4 km²，其中耕地有4 251亩，下辖5个自然村17个村民组，共有农村户籍人口1 121户4 241人，人均耕地面积不足1亩。一直以来，邢村是一个典型的无矿产、无产业、无区位优势的"三无"村庄，人均有效耕地面积不足 1 亩，基础设施落后，群众生活困难。2015 年底，全村共有建档立卡贫困人口 101 户 338 人，贫困发生率高达 8%，被列为省定贫困村。

按照党中央关于加强贫困村驻村工作队选派工作要求，2015 年 12 月，汝州市财政局扶贫工作队进驻邢村，开展助农脱贫工作。尽管邢村经济发展滞后，但气候条件和土壤条件相对比较适合蚕桑业生产。无矿产、无产业、无区位优势的"三无"村庄反倒成了蚕宝宝的天堂。因此，从 2016 年开始，邢村充分利用自然资源，把蚕桑产业作为产业扶贫、农民增收的关键，积极完善产业体系，高瞻远瞩规划发展。以实现产业强、村庄美、农民富为首要目标，努力夯实了乡村振兴的基础。

截至目前，邢村已经建成了占地 1 200 亩的蚕桑产业扶贫基地，初步形成了蚕桑种植-蚕茧销售-蚕丝制被-桑叶炒茶-桑枝种菌的循环产业链条，吸纳 300 余名劳动力就地就近就业，人均收入可以达到 60 元/d。全村建档立卡贫困人口已累计脱贫 93 户 322 人，贫困发生率由 8% 降至 0.4% 以下，扶贫助农工作取得重大进展。

2. 邢村蚕桑循环产业的发展经验

（1）以产兴村　邢村在蚕桑产业上持续发力，有力促进了农民增收和村庄繁荣。一是统一规划。与河南农业大学林学院、河南省蚕业协会、河南省蚕业科学研究院等机构合作，编制邢村蚕桑循环产业发展规划，优化产业发展布局，进一步明确发展路径。二是统一建设。按照基础设施规模化、标准化、产业化原则，邢村投资 300 余万元建设 50 余座蚕饲养棚和 1 座蚕茧收购加工园。三是统一销售。邢村加强和汝州汝绣产业园、百瑞纺织等本地企业和安徽、湖北等外地企业合作，减少蚕茧收购中间环节，最大限度地保障蚕农利益，有效解除了养蚕大户蚕茧销售的后顾之忧。目前，每亩桑园可收获蚕茧 40 千克左右，每年可以养 3~4 季，按照 40 元/kg 的市场价格，每亩年收益可达 4 800~6 400 元。

（2）以策扶村　邢村持续加强政策扶持力度，吸纳贫困户在家门口就业，实现脱贫增收。一是加强技术扶持。建立农业人才点对点帮扶培训机制，组织河南农业大学林学院技术专家到邢村就蚕桑产业发展现场指导帮扶，为贫困群众做好技术培训、产业规划、现场指导等服务工作。二是加强资金扶持。邢村向农户免费发放桑苗，免 3 年蚕棚租赁费，提供贷款贴息，统一采购桑苗、统一技术服务、统一政策奖补政策，按照每亩 500 元的价格，集中流转土地 1 200 余亩，将土地集中流转分包给 30 余名种养大户经营管理，提高经营效率。

（3）以文化村　邢村坚持以文明为重点，走好文明治村之路。持续开展"道德模范""最美家庭"等评选活动，发挥身边榜样示范带动作用，发扬守望相助、崇德向善的文明乡风。在每周五晚上，联合汝州市艺术协会，开办"快乐星期五"文艺汇演，上演豫剧、小品、歌舞等种类繁多的精彩节目，极大充实了村民的精神文化生活。

（4）以法律村　邢村投资建设法治文化广场和普法宣传基地，各类普法宣传标语在村庄里随处可见。邢村在坚持发展桑蚕特色产业，坚持文明治村的过程中，绝不忽视法律的权威与约束，积极向村民宣讲法律政策，在村内兴起知法、懂法、用法、爱法的良好风尚。

另外，邢村在大力发展蚕桑扶贫特色产业的同时，抢抓省级扶持村集体经济发展试点村的政策机遇，将集体经济量化成股权，壮大村集体经济，助力脱贫攻坚。目前，邢村争取项目资金 162 万元，入股村内小麦深加工企业汝州金汝河面业有限公司，实现村集体每年至少 13 万元收益分红；率先建成平顶山市首个享受国家补贴的光伏试点项目，已累计发电 103 万 kW·h，收益 102 万元。

3. 邢村发展经验的启示

（1）坚持党的领导　党组织领导农村工作是乡村振兴的核心，这个核心必须坚决拥护。实施好乡村振兴战略，办好农村的事情，关键在党。乡村振兴战略作为党和国家的重大决策部署，是一项复杂的系统性工程，需要发挥党总揽全局、协调各方的作用，健全党组织领导农村工作体制机制和党内法规，增强领导农村工作本领，为乡村振兴提供坚强有力的政治保障。

（2）坚持规划先行　实施乡村振兴战略是一项长期的历史性任务，必须注重规划先行、突出重点、分类实施、典型引路。实施乡村振兴战略是一篇大文章，要统筹谋划，科学推进。推进乡村振兴具有前所未有的长远性和全局性，必须坚持规划先行，强化乡村振兴战略的规划引领作用。要始终坚持以各级相关文件精神为引领，根据农村实际，认真谋划乡村振兴发展。

（3）坚持因地制宜　习近平总书记指出，推进扶贫开发、推动经济社会发展，首先要有一个好思路、好路子。要坚持从实际出发，因地制宜，理清思路、完善规划。邢村村委与驻村扶贫工作队没有盲目进行帮扶，在综合分析气候、土壤、交通、民情等因素的基础上，深入了解群众的实际困难和致富愿望，精准制定脱贫攻坚规划，找准发展蚕桑产业这一突破口，真正把自身比较优势发挥好，使产业发展扎实建立在自身有利条件的基础之上，实现了蚕桑产业快速发展、贫困群众有效致富的效果。

（4）充分利用互联网信息时代的抓手　电商的兴起为乡村特色产品的销售搭建了全新的平台，要学会灵活运用，不能墨守成规只重视传统的销售方式。通过网络渠道可以很好地解决乡村产品远离公众视野、知名度较低的问题。现在直播带货的兴起也为邢村蚕丝被的销售搭起了快车道，但也更要注重产品质量，始终秉持质量先行的销售理念才是长远之道。

二、对于邢村青年劳动力流失的调研

1. 调研方法

通过对不同街道随机 13 家农户进行入户走访调研了解到，其中 9 家农户的青年人都在外务工，更有其中 4 户家中只留下了年长的妇女和幼儿，家中的男性全都外出务工。通过对这 9 家农户的访谈，初步得出以下结论。

2. 邢村青年劳动力流失的原因

（1）邢村现有劳动力的基本饱和　我国著名社会学家费孝通教授曾经提出社会继替理论，他指出，一个新分子的生存空间、物质和社会的支配范围，得在原有的社会分工体系中获得。简言之，就是社会结构中出现了空缺，他人才能填补进去。在我入户访问的 9 户人家过程中，有 6 户提到了这个问题。"孩子不出去找不到活干啊""现在村里没啥适合他的活儿""孩子就会做木工活做橱柜，现在村里也找不到活干"，通过访问得知，出去务工的年轻人大多以重体力活为主，在建筑工地工作和开长途货运汽车占绝大部分，收入也都相当可观，有的可以达到每个月 5 000 元以上。由以上访谈结果可以看出，一个地方的人口数目，是由当地的社会结构需要所决定的。因为现有的乡村土地资源有限，而且农业机械化又在大范围推广使用，不再需要那么多的劳动力投入。因此，大部分农村青年人选择了外出务工。

（2）邢村的社会发展水平偏低　邢村是一个典型的无矿产、无产业、无区位优势的"三无"村庄，乡村企业十分不发达，无法吸收多余的劳动力。而由费孝通教授提出的农村发展模式，诸如苏南模式、温州模式，其本质上都属于以工为本的农村工业化模式，在邢村当地并不适用。因此，农村青年人必然会离开农村以寻求就业机会和更高的收入，这也是市场经济条件下资源配置的必然结果。

（3）城市化的高速发展　首先，城市提供了更多的就业机会。年轻人进入城市后，可以自由选择更加适合自己的工作。其中一户人家的老人告诉我说，他的两个儿子都在郑州工作，大儿子做皮鞋生意，二儿子做物流，最开始两个儿子都是在郑州跟着一个运输队跑长途运输，有了一些积蓄以后自己就另起炉灶，现在这位老人住的房子和家里的电器都是两个儿子为他添置的。其次，城市为农村年轻人提供了更好的提升平台，这一点 9 户人家几乎都有提到，就是希望自己的孩子可以增长见识，另一户人家的老人告诉我，儿子在 2010 年从北京林业大学毕业之后，会跟他说一些见闻，让老人感觉到了大城市的广阔平台，现在儿子在北京一家私企工作，生活很美满。最后，也是最重要的一点，城市提供了比农村好太多的生活质量与生活体验，导致很多离开农村的年轻人和他们的下一代反倒不适应农村的生活。这一点我自己也深有体会，适应了城市的高质量生活之后反而难以对农村乏味单调的生活感到满足。

三、问题与对策

1. 邢村发展中的不足之处

（1）青年劳动力流失严重　邢村的大部分年轻人还是会选择外出务工，以谋求更高的收入，但是家里的老人很多都可以在园区里做除草、施肥、修建等简单的工作，也正是这样解决了很多贫困户的就业问题。但仍然无法解决乡村青年人才流失的问题，这也是全国农村发展的一个通病和一座大山。

（2）产业链条完善度有待加强　目前邢村已经建立起相对比较完善的桑树种植、桑蚕养殖以及蚕丝加工的生产链条，但是食用菌种植以及特色副产品，例如，桑叶茶和桑果酒的加工目前的发展还处于起步状态，并且副产品加工工厂并没有位于邢村。这是因为邢村的桑蚕养殖产业兴起时间较短，还没有完全展示出它的蓬勃活力与光明前景。

（3）蚕桑特色产业与乡村文旅产业结合稍显薄弱　邢村目前已经成功举办汝州市首届蚕桑文化旅游节，并开展大型相关文艺展演，但是推广程度有待进一步提升。目前采桑叶养蚕体验、观赏蚕丝被加工制作、开展写生和摄影等活动已经在村委和驻村扶贫工作队的规划之中。邢村还将继续以"蚕桑"为媒，鼓励大家走进蚕桑生产，努力推广蚕桑文化，并为蚕丝被、桑叶茶、桑葚酒、桑叶面、桑叶蛋等产品销售搭建了广阔的营销渠道。

2. 对于邢村吸纳青年劳动力的建议

（1）理性看待农村青年劳动力外出务工　城市经济之所以能够如此飞速发展，离不开背井离乡的农村劳动力的付出。城市的进步反而也可以带动周边乡村的发展。农民工外出务工，可以合理配置劳动力资源，增加农民收入，而且想要安置农村如此庞大的剩余人口，城市的力量必不可少。另外，乡村振兴也需要农村青年劳动力回流，农村社会经济的发展想要仅仅依靠老人和儿童是远远不够的。青年人是中坚力量，他们虽然没有特别丰富的生活经历，但是他们大部分曾经在城市生活学习过，有着更加开阔的思路，接收新知识也更为迅速。

（2）推行相对应的政策，因地制宜，鼓励"新生代农民"返乡创业　2010年1月31日，国务院发布的中央一号文件《中共中央　国务院关于加大统筹城乡发展力度　进一步夯实农业农村发展的若干意见》中，首次使用了"新生代农民"的提法。他们文化程度相对较高，接受过职业教育培训，但是收入较低且对于农村的认同感较低。有一个优惠政策的推手很容易把这些"新生代农民"吸引回村。就像贵州的"雁归兴贵"行动计划、广西的"万才返乡共建小康"计划，都取得了令人十分欣喜的成绩。贵州和广西主要的几项措施就是提供就业创业贷款、政府平台提供就业信息、积极组织技能培训、保障农民工就业的合法权益等。

（3）大力发展农村电商经济　利用电子商务云平台、淘宝网（村淘网）、京东商城、苏宁易购等知名第三方平台，开设实体店铺与网店，与蚕桑养殖基地、蚕桑特色产品营销大户和农副产品批发市场、大型超市、大型餐饮连锁企业对接；也可以在多方直播平台上开展直播带货，扩大产品的影响力与知名度，推动特色产品销售，从而做到招商引资，让资本回流到乡下，吸引更多劳动力就业。

（4）注重培养"新型职业农民"　着重扶持培养一批蚕桑承包经营职业经理人、蚕桑专业技术员、特色产品加工工人等。整合各渠道培训资金资源，建立政府主导、部门协作、统筹安排、产业带动的培训机制，开展类似"现代青年养蚕能手培养计划""邢村实用人才带头人培训计划""新型承包经营主体带头人轮训计划"等，培养更多爱农业、懂技术、善经营的新型职业农民，使他们能够适应农业产业政策调整、农业科技进步、农产品市场变化，成为乡村振兴的主力军。鼓励新型农业经营主体带头人通过"半农半读"、线上线下等多种形式就地就近接受职业教育，积极参加职业技能培训。

（5）继续着力完善乡村基础设施以及教育建设　邢村在前年就拨款数百万元启动了针对村内道路硬化、自来水供给、污水处理、垃圾收集处理、改厕、路灯亮化、电网改造的基础设施改善政策，现在已经取得了很好的成效。但是我在调研过程中发现最大的问题就是垃圾堆积，没有专门的人员及时收走垃圾进行处理，道路两边垃圾桶里的垃圾溢得到处都是，已经发臭变质。学校建设问题则直接关系到返乡创业的青年人的下一代有没有良好的教育，目前邢村村内只有一所小学和一家幼儿园，规模都相对很小。小学共有 6 个年级 11 个班，教职工 50 余人。从邢村小学到镇中学有 3 km 的路程，到最近的汝州市第五高级中学有 5km 路程，焦村镇整体的教育水平还是比较落后的，市里面比较好的中学和高中基本都要在 20 km 以外，加强邢村的教育质量还有很长的路要走。

中共十九大报告中提出了乡村振兴战略，坚决实施乡村振兴战略是解决新时代我国社会主要矛盾、实现"两个一百年"奋斗目标和中华民族伟大复兴中国梦的必然要求。在党的坚强领导下，以邢村村委和驻村扶贫工作队为主要工作核心，努力发展桑蚕循环产业，定能为邢村开辟脱贫致富新路，实现邢村的发展振兴，实现农业强、农村美、农民富的总目标。

四、致谢

在我的调研过程中，受到了邢村扶贫工作队田队长等工作人员的热心接待，他陪着我对村内的各类设施进行参观与讲解，十分感谢！另外，在调研期间，李保明老师、滕光辉老师、郑炜超老师、童勤老师、梁超老师都对我的调研内容以及调研方法提出了很多宝贵的意见与建议，非常感谢各位老师的指导！

在我离开邢村的时候，田队长对我说的一席话令我记忆犹新，他说："大学生才是脱贫攻坚的生力军，我们给你们搭好了舞台，你们才能尽情起舞。虽然现在你们可能确实没有工作经验没法做出实际的贡献，但是如果连大学生都不了解现在农村大好的发展势头，那脱贫攻坚的路就太坎坷了。只有深入农村，了解农村，才有可能爱上农村，建设农村。"

胡 博

曲周县家庭设施养鸡场现状

此次实践调研围绕曲周县的家庭养鸡场展开，调研地点主要是我家周边地区，时间为 2020 年 8 月底到 9 月。家庭养鸡场这种形式目前在这里是比较常见的，针对目前这种养鸡形式进行调研，了解这种养鸡场的机械化水平、生产方式等一些基本情况。就目前生产方式的优缺点进行分析，针对目前存在的一些问题给出我自己的一些建议。但家庭养鸡场仍旧有许多限制因素，需要我们不断探索发现，并解决问题。同时针对家庭养鸡场的传承进行调研，提出我自己的一些想法。这次实践我了解到了很多平时没注意到的东西，有很大的收获。

一、曲周县家庭养鸡场现状

1. 调研地点概况

本次调研在我家周边地区的 7 家家庭蛋鸡养殖场进行，这几家蛋鸡养殖场规模设备不尽相同，养鸡场构造也不太一样，此次仅调研这 7 家数据代表性不足，仅供参考。此次调研的 7 家中有一家规模达到了 8 万只，有一家 3 万只左右，还有一家 2.3 万只左右，其余 4 家在 1 万~1.5 万只不等。

2. 调研方法

现场走访、人物访谈等，对养鸡场现存在的问题及传承问题等进行调研。

二、问题与对策

（一）存在问题及解决方案

目前这种家庭养鸡场存在的问题主要有以下 4 个方面。

1. 环境控制

首先，环境控制（下称环控）方面，目前仅仅依靠湿帘风机来进行控制。温度监测不准确，而在湿度的监测上仅仅凭借体感。有害气体的监测上没有相应的设备，对其浓度没有明显的控制，仅仅凭借自身感官对有害气体的刺激性气味或者窒息感来进行判断。适合人的浓度对鸡不一定合适，所以这样控制显然是不科学的。其次，光照上仅仅凭借经验进行补光，没有科学性的光照时长，对于光照时间，不同养鸡场相差较大。所以养鸡场的监测体制亟须完善，这对蛋鸡是否高产有十分重大的意义。环控，其实只是让环境参数可视化脱离人的感官，避免由于人感官问题引起偏差。这对于生产上很难有什么明显提升，而要搭建整个自动环境监测系统，很明显对于现在的小型养鸡场是不现实的，小型养鸡场只购置一些便宜的手持设备定期测量。在自动化和人力劳动上是有一个平衡点的，适当地增加人力降低成本是切实可行的，对目前鸡场的运营是有帮助的。

2. 防疫

目前养鸡场防疫主要是靠接种疫苗，这就导致蛋鸡容易遭到病毒袭击，而一旦遭受流感就会导致养鸡场的亏损，至少很难盈利。还要做到净污分离，大部分鸡场设计的时候并没有考虑这一问题，所以净污分离也很难实现。但尽可能在人员进鸡舍前消毒、车辆进入养鸡场消毒。鸡舍每周或者定期进行清理消毒。

3. 专业化水平

养鸡场管理者的专业化程度不够。现有的养鸡场主大多受教育水平不高，也没有经过专业技能上的培训，所以在养殖上采用的很多方法是不科学的。还有防疫意识、环保意识缺乏，意识不到防疫的重要性，也不知道应该如何防疫才能科学有效。有些人贪便宜，就算打疫苗也专门买便宜的，结果发现疫苗效果不好甚至买到假疫苗。一方面，加强防疫方面知识的普及能让他们意识到疫苗的重要性；另一方面，政府也应该整顿市场，加强监管，避免出现假疫苗。一旦用了假疫苗造成的后果是这种小型家庭养鸡场所不能承受的，一次造成的损失会让他们一年甚至几年的收入付诸东流。这种情况对于农村家庭无疑是晴天霹雳。另外，环保意识也是亟须培养的，就目前而言养鸡场的环保程度显然是不够的。粪污的处理和死鸡的处理方式存在很大问题。虽然目前可能影响不是很大，但长此以往很难保证不会因此而发生流感之类的病毒直接导致养鸡场亏损，对于这些潜在的威胁，当地养鸡场场主是很难意识到的，养鸡的风险也因此增高不少。只有注重细节才能获得更高的产量，从而获得更多的收益，小型养鸡场的专业化之路任重道远。

4. 市场调研与信息获取

大型企业往往针对市场先做调研，由此确定鸡的孵化到生产到淘汰各个过程的时间点，从而获得较高的盈利。而家庭养鸡场并不会也没有能力去做市场调研，信息上的不对等，时机把握不准，是家庭养鸡场普遍存在的问题。

(二) 制约因素

小型家庭养鸡场发展的制约因素很多，首先是机械化水平不高。机械化水平不高决定了控制的精准程度不足，由此会导致一些产量上的差距。其次机械化水平不高意味着需要更多的人力，人力资源限制也是小型养鸡场发展的一个重要因素。再次就是资金和技术方面的问题，这也是制约小型家庭养鸡场的最关键因素。资金不足导致只能建设这样一个半自动化半开放的养鸡场，而不能建设现代化的专业养鸡场。养鸡行业在农村算是比较好的行业，但由于资金问题限制了养殖场的规模，也就导致了大量小型养殖场的出现。还有就是技术层面上的问题，农村极其缺乏这方面的人才。据我了解就算是皮带式刮粪机我们县城都没有专业的维修人才，所以更复杂的设备是养殖户不敢想的，即使花了更多的资金添置了更好的设备，可是一旦发生故障很难得到维修。机械化不仅要考虑设备的先进性还要考虑售后的问题。

(三) 改革措施

1. 生产户自身

首先是环控上的改进。一是完善温湿度监测机制，将温度监测改为五点式监测，仅仅测一个地方的温度并不能代表鸡舍的整体温度状况。建立湿度监测体系使其不超过阈值，超过阈值会影响鸡的散热，还会滋生霉菌，对鸡的健康很不利。二是合理控制补光时间达到最大效益。建立简单的有害气体监测机制，让有害气体浓度等参数可视化，不再仅凭感官判断是否达标，因为鸡对有害气体会比人体更加敏感，在人感觉到刺鼻的时候其实已经晚了。所以首先要建立完善的环境监测机制，只有监测机制完善才可以更好地控制鸡舍内的环境，控制得也更加精准。对于一个成熟的养鸡舍，拥有完整的环境监测机制是十分必要的。

2. 养殖合作社

养殖合作社对小型养殖场来说意义是重大的。通过养殖合作社，小型养殖场可以获得更多的信息，获得一些养殖技术上的培训，增加专业的知识。而专业知识的缺乏是目前小型养殖场面临的比较大的问题。通过定期的知识培训可以逐步改善由于专业知识不足引起的困境。而且可以通过养殖合作社建立固定的采购销售渠道也是十分必要的。首先这些养鸡场都是采购青年鸡，再将这些百日龄左右的鸡进行饲养到产蛋再到淘汰。所以青年鸡的质量十分重要。而目前市场上的青年鸡常常良莠不齐，一旦买到了品质差的就会导致接下来的饲养难以盈利。而养殖合作社就可以选择大型企业长期提供优良青年鸡，这样雏鸡的品质就得到了保障。另外，还可以保证饲料的进货渠道稳定，不会再发生类似新冠肺炎疫情期间高价难买的现象，而且也可以保证饲料的品质。并且通过养殖合作社可以建立稳定的销售渠道，减少或者避免鸡蛋滞销的情况，从而降低养殖风险。这样就可以稳定销售渠道使养殖风险得到一定程度上的降低。

3. 政策

国家可制定政策鼓励养殖合作社的建立，同时给养殖合作社一定的信息或者一些资源上的倾向。也要监督养殖合作社是否真正给个体养殖户带来了更多的便利和更好的效益，让他们能够切实感受到合作社的好处，政府要监督把政策落到实处才行。

4. 人才

是否有足够多的专业人才能够到基层去解决问题，或者再培养一批拥有专业能力的、掌握更先进技术的职业人才去推广技术，去解决可能面临的问题，是非常必需的。如何能吸引到这样的人才确实也是目前面临的问题，政策倾斜、福利待遇，等等，都需要统筹考虑。

（四）实践体会与建议

关于这次实践，我有很多的体会，学到了很多东西。社会实践拉近了我与社会的距离，开拓了我的视野，增长了我的才干，进一步明确了我们青年学生的成才之路与肩负的历史使命。希望以后还有这样的机会，可以让我从实践中得到锻炼。这些天来，虽然付出了不少汗水，也感觉有些辛苦，但我的意志力得到了磨炼。实践也让我明白，做事情要自信，要明确自己的目的，不能松懈觉得完成任务就够了。面对困难的时候，不要觉得做不到，即使能力的确有欠缺也可以去找方法，去自信地面对。问题可能会很难，但积极的态度可以让我们更好地去解决问题。通过实践也更多地了解了自己学习中的不足，今后努力有了方向，理论与实际相结合说起来简单做起来真的很难，而这个过程是整个人全面提高的过程。养殖场的专业化不能仅仅凭借农户自身，专业人才用到合适的地方也是同样重要的。我们专业刚毕业就从事这个行业的并不多，原因是工作不够吸引人，但怎样吸引是个问题，也是需要解决的。

陈　昊

安达市规模奶牛养殖场现状

2020 年是极其特殊的一年，本次专业社会实践也是一次特殊的实践。新冠肺炎疫情在全球肆虐，中国在短时间内及时有效地控制住了疫情的蔓延，进入防范疫情的新常态。在家待了 8 个月之久，即将回到学校之前，我接到了在家进行专业社会实践的通知。安静过后重新走入社会，的确带给我不一样的思考。我会重新审视我们专业，重新审视奶牛养殖，重新审视这个我生活了很多年的城市。

我的家在安达，黑龙江省西南部的一个县级市。安达是蒙古语"朋友"的意思。但是在我心中，它一直有着更响亮的名字——"中国奶牛之乡""牛城"。我习惯了整个城市主干道上各式各样的牛的雕塑，习惯了开车走在穿插乡镇中间的公路上看到一望无际的大草原和草原上吃草散步的奶牛。但我从来没有仔细去探访一下这座牛城与使它扬名的畜牧养殖业。借着此次机会，结合我学习了 3 年的专业知识去看一看，并做出属于我自己的一些思考。

一、主体部分

（一）调研地点概况

1. 安达市昌盛牧业有限公司

位于安达市常德镇，养殖规模 400 头左右，家庭牧场。

2. 安达市澳森牧业有限公司

位于安达市吉星岗镇，一期工程养殖规模 4 000 头左右，二期工程在建。

（二）调研方法

采取现场走访、驻厂调研的方法，结合人物访谈等形式。调查对象包括养殖户、家庭牧场所有者及大型牧场技术厂长。

（三）调研结果

安达市现在的奶牛养殖存在多种形式，我将其大概分为3类。第一类是散户。即一直以来保持养殖奶牛习惯的当地农户，以家庭散养方式为主，养殖奶牛数量在几头到几十头不等，无需雇用劳动力，没有配套的各种设施。第二类是家庭牧场。有很多家庭牧场都是从散户的形式慢慢升级而来的，表现为各种建筑交错，缺乏整体规划。但是他们已经脱离了散养，而具备了比较完整的组织形式。他们有自己的饲料库、各种分类的牛舍、挤奶厅等建筑设施。家庭牧场养殖数量在几百头不等，会雇用十余人至几十人的劳动力，其中会有较为专业的动物科技人员和动物医生。第三类是大型牧场。这种牧场都有完整的规划，由专业公司设计建设完成。养殖数量会维持在设计值附近，不会有过多的波动，从几千头到上万头数量不等。会雇用超过100人的庞大员工队伍。各种设备也以国内外顶级的品牌为主。追求最高效率的生产，机械化和信息化程度非常高。这3种养殖方式在我此次实习中都调查了，我会具体总结一下在不同养殖形式中看到的真实情况。

1. 散户的形式

在实践的第二周，我专门拿出了两天时间，前往安达市先源乡观察散户的养殖现状。去之前，我在网上查询了很多关于这个乡镇的资料。先源乡有着几十年的奶牛养殖历史，是安达市最重要的畜牧乡之一。数据显示在2013年左右，全乡就拥有2万余头奶牛。我已经做好了目前当地养殖业已经凋零的心理预期，但是当地的实际情况还是让我大跌眼镜。

先源乡有一个村子叫友谊村，是先源乡发展最好的村子之一，无论是村子的基础设施建设还是居民收入都位居先源乡前列。村门口的牛头牌坊看起来非常气派，门口还摆放着几座奶牛的雕像。我找到了村子中的一个屯长，类似于班级中的组长，但其实整个村子也只有两个屯。屯长介绍说，现在整个屯子只有两户还在养牛，以前的时候是全屯子家家养牛，每家都要养殖十几头。

快到中午的时候，等到了一家养牛的农户刚刚放牛回来。他们通常要早起，把奶牛带到村子外面的草原上，到中午的时候再回来。奶牛认识路，不用赶自己就回来了。他们家的奶牛就养在院子里面，院子铺上红砖，没有棚顶也没有卧床。奶牛累了就卧在砖面上，想排泄就直接排泄。这就是非常传统的养殖方式。他们家已经养殖奶牛 20 年了，一直是这样的环境。

第二天我们又去另一个村子看了看，依旧只有几户在养殖奶牛了。他们一般在堆积杂物的仓子里面养牛。天气暖和的时候，就到草原上放牧。冬天的时候，园子里面种植的玉米秸秆可以作为青贮食用。还有一些以前也养奶牛的农户，家里面也建有类似的仓子。但是现在养殖奶牛也不赚钱，就转为养殖肉牛了。

2. 家庭牧场的形式

我第一周的主要实习都在一家家庭牧场开展，这家家庭牧场养殖有 400 多头奶牛，是一家人雇用十几个工人一起经营的。

该牧场最初建设是由老板一家自己琢磨规划建设的。最初的牛舍都是砖混的建筑，后期在国家政策支持下扩建了一座钢结构的专业牛舍，原牛舍改为犊牛舍和分娩牛舍。该牛舍呈"L"形，一侧是后备青年牛，另一侧则是泌乳牛，泌乳牛紧靠挤奶厅，以减少奶牛过多走步对能量的消耗。整个生活办公区域位于厂区的最中间，两栋平房一左一右位于牛舍区域后面。牛舍后面是饲料库房和机库。这其实是一个非常严重的设计失误，机车运送饲料会浪费大量的原料。同时对生活区也会产生不好的影响。整个牧场的管理也不足够专业，最开始的主要管理人员是老板的弟弟，他接触奶牛养殖也没太久，只是凭借慢慢积累的经验给奶牛搭配饲料，注射药物。到了今年才从大型牧场雇用了一位专门负责厂区规划建设，有着几十年经验的技术人员。

但是该牛舍已经具备了现代化牛舍的雏形，只是还不足够先进。如该牛舍已经开始使用机械的方式清除舍内粪污，有自己的挤奶厅。这与散户已经有了质的差别，它们已经是一套完备的体系。而无论从技术还是资本角度，散户几乎都难以跨越。

3. 大型牧场的形式

澳森牧业有限公司是我们安达市最大的牧场，设计养殖量达到了 5 000 头。这家公司有 4 个这样规模的牧场，这只是其中一个。整座牧场由专业的畜牧设计科技公司整体设计，拥有 16 栋不同的牛舍。

大型牧场和其他牧场的最大区别就是专业。牧场有着更先进的设备和更先进的管理理念。整个厂区的管理层都是专业的农业大学毕业生。有专门的饲料科技人员、动物医生、数据分析师等。大型牧场清除粪污的系统值得好好说一说。牛舍的下面有机械链条带动清粪板做往复运动，将粪污推入分离池中，分离池中冲水后挤压进行干湿分离。干料经过晾晒后直接作为奶牛卧床的垫料，湿料进入厌氧发酵池发酵 6 个月后作为饲料还田到对应的农田中。犊牛舍整个就是发酵床的形式，犊牛的粪污在发酵床上直接就会分解。

整个牧场都秉持一种物质循环的理念。整个厂区几乎都是独立的一个小系统。饲料运输进来，牛奶运输出去，剩余的粪污干料会被降解成水和 CO_2，湿料还田。达到一定规模的牧场更像是一座工厂，饲料是原材料，牛奶是产品，而奶牛更像是有温度的机器。所有的管理和设施都是为了提高奶牛机器的生产力。

二、问题与对策

（一）牛奶销售的商业模式

牛奶销售的商业模式始终是我关心的一个重点话题。牛奶是奶牛养殖行业提供的直接产品，牛奶的销售关乎到牧场的利润，关乎整个行业的发展前景。牛奶销售情况好，资金会持续涌入，技术也才可能快速提高。

我所探访的这 3 种形式的牧场主要分为两种商业销售模式。即以大型牧场和家庭牧场为代表的与乳品企业合作销售的方式，这种方式具有合同保障，非常稳定。这种稳定的关系是双方的。成规模的牧场在生产上抵抗风险的能力更强，每日生产牛奶的数量不会有太大的波动，牛奶的质量也经过严格把关，符合标准。乳品企业也会每天到牧场收购牛奶，哪怕在 2020 年新冠肺炎疫情的特殊情况下，牛奶属于农产品可以走绿色通道，依旧遵守牛奶从挤出来到乳品企业不超过 24h 的规定。

而小散户无论从数量还是规模，在中国奶牛养殖行业中都在不断下降。散户养殖原本的销售方式是奶贩子到各村集中统一收奶，然后销售给乳品企业。现在乳品严格把关，传统的销售模式已经行不通了。这就造成了散户养殖的衰败。目前我调查到的模式还有将泌乳期奶牛带到规模化牛舍统一喂养和自行到市场上零售等方式，一小部分人还在将奶牛当作肉牛来饲养。整体而言，散户养牛是缺乏销售渠道和商业模式的。

（二）牧场规模化与牛奶议价权

我在家庭牧场实习的时候，厂长告诉我这样一个数据：按照现行模式，牧场至少要保障每日生产 2 t 牛奶，才能够和乳品行业签订合同，如果想要和蒙牛、伊利等大企业签订合同还需要更大的产量。较小的规模使品质无法保障，只要牛奶出现一点问题，可能就会影响其他牛奶，遭受极其严重的损失。

日产 2 t 牛奶，背后意味着近 300 头奶牛以及各式各样的配套设施，这一切资产的累计至少要 500 万元以上。虽然对于普通的牧民而言这是天文数字，但在这个行业才刚刚入门。

而相对于下游乳品企业，这种规模的牧场根本没有任何的议价权。当资金投入牛舍建立起来后，只要牛奶的销售能维持一定的收益，就只能继续销售，而没有办法停止生产。相较于养殖蛋鸡和生猪，其行业有着自己的零售渠道，无需在畜牧产品的基础上"二次加工"，同时都拥有足够大的零售市场。因此哪怕再大规模的企业，也难以控制整个行业，任何养殖户都可以随着市场的变化而获得较大的收益。牛奶这种农产品的大部分收益反而把持在乳品企业行业中。

另外，由于牧场规模太小，对于整个行业变化的感知有着严重的滞后性。当大家都盲目扩充产能后，会造成不易于销售的结果。同时牛奶不易于储存进一步加大了这种风险。因此，乳品企业更大程度地担当了调节市场的这双手。

奶牛养殖业会越发成为重资产、高科技、高风险的行业，我预测经过反复的市场波动清洗，会有一批优秀的奶牛养殖企业成长起来，成为整个行业的寡头，从而影响行业的利润分配格局，主导市场的生产。

三、致谢

首先，我要感谢施正香教授及同组的指导教师，他们对我在实践过程中遇到的专业问题做出了详细的指导，引导我进行深入的思考。同时，我也要感谢昌德镇王金泉镇长及其他领导，他们对我在当地实习提供了巨大的便利，帮助我寻找合适的实习单位，鼓励我为家乡农业发展做出贡献。我还要感谢同组小伙伴，虽然因新冠肺炎疫情原因，没能一起线下实习，但我们互相领略了其他人家乡的风情，一起见证了大家的成长。最后，感谢我的父母，每日接送我前往实习公司，对我的生活提供了无微不至的照顾。

弓 艺

山西省阳泉市棚户区
改造现状调研

棚户区改造是推进新型城镇化的重要途径，更是以人民为中心的发展思想的体现，同时也是乡村振兴战略实施的有力推进举措。本次调研主要围绕棚户区改造展开，旨在通过调研了解具体棚户区改造项目建设实施情况、运作模式、拆迁办法、对住房需求解决情况、对周边环境的影响等，分析棚改政策在解决人民住房需求、协调周边环境、拉动当地经济增长中所发挥的作用。

一、阳泉市棚户区改造现状

（一）调研时间与地点

此次调研为期 3 周，调研地点为：阳泉大通发展有限公司、驼岭头村整村异地搬迁城中村改造项目施工工地。

（二）调研方法及内容

通过访谈、查阅资料等形式调研相关政策背景，关注阳泉市棚户区改造情况；在项目建设单位实习，通过查阅资料、咨询相关人员、实地考察，就具体项目展开建设情况、运作模式、拆迁办法等方面的调研，总结棚改项目运作模式，分析项目效益。

（三）调研结果

1. 政策背景

棚户区改造是我国政府为改造城镇危旧住房、改善困难家庭住房条件而推出的一项民心工程，同时也是重大的民生工程和发展工程。自 2008 年以来，各地区、各有关部门贯彻落实党中央、国务院决策部署，将棚户区改造纳入城镇保障性安居工程，大规模推进实施。近年来，党中央、国务院提出了加快棚户区改造的明确要求。《国务院关于加快棚户区改造工作的意见》（国发〔2013〕25号）提出在加快推进集中成片城市棚户区改造的基础上，各地区要逐步将其他棚户区、城中村改造，统一纳入城市棚户区改造范围，稳步、有序推进。城市棚户区改造可采取拆除新建、改建（扩建、翻建）等多种方式，改造中可建设一定数量的租赁型保障房。

山西省政府紧跟国家政策，将保障性安居工程纳入改善城市人居环境和十大重点投资领域范围，着力改善城乡面貌。2014 年山西省政府印发《山西省棚户区改造工作实施方案》（晋政发〔2014〕22 号），计划于 2014—2017 年，全省开工改造各类棚户区 70 万户，其中阳泉市 4.1 万户。而阳泉市目前在大力推进五城联创，棚户区改造是改善人居环境、提升城市品位、推进城市建设进程的必由之路，是建设文明、卫生城市的重要保障。

资金不足是许多经济欠发达地区在推进棚改过程中面临的重要问题。2015—2016 年，由于山西省经济增速放缓，财政现状与发展需求矛盾加大，部分区域借款主体、担保资源缺乏，不能够满足贷款准入要求。针对这一问题，山西省政府印发了《关于政府购买棚户区改造服务的指导意见》（晋政发办〔2016〕78号），出台适用于棚改项目的借贷政策，明确推行"省级统贷、市县购买"的政府购买服务模式，对全省棚户区改造项目实施统贷统还，以省财政作为担保，进行统一申请，银行统一评审，从而降低贷款难度，提高工作效率。

除此之外，棚户区改造与其他普通项目相比，享有税收优惠、免征行政事业性收费和政府性基金等优惠政策。而阳泉市大部分项目属于城市棚户区改造中的城中村改造，实行"政府主导、规划引领、整村拆除、安置优先"，除享受上述优惠政策外，还出台了一些额外的政策，如市财政返还土地出让金，用于支付村民征收拆迁安置成本；安置村民住宅项目减免部分相关费用；用地不足的以拟出让用地补充等。

2. 项目概况

阳泉市目前在建 11 个棚户区改造项目，总投资 29.9 亿元（表 1）。本次调研选择以驼岭头村整村异地搬迁城中村改造项目为具体案例进行分析。

表1　阳泉市棚改项目投资情况

区域	项目名称	投资额/万元
开发区	工垅村城中村改造工程	10 000
	河坡村城市中村改造工程	12 000
	洪城北路东地块（平坦垴村）棚户区改造	33 000
	侯家沟片区棚户区改造	32 000
	驼岭头村整村异地搬迁城中村改造	47 000
郊区	南窑庄村棚户区（城中村）改造	56 000
	桃林沟村棚户区改造	27 000
	老虎沟村棚户区（城中村）改造	12 000
	下荫营村城中村改造	30 000
	窑沟村城中村改造	20 000
	杨家庄乡黑土岩村城中村改造	20 000
合计	11 个	299 000

驼岭头村位于开发区东北面，拆迁区域的土地性质为集体建设用地，棚户区改造对象主要为农村人口，棚户区类型为"城中村"。原有713户居民，新建安置房小区计划建设住宅套数1 280套，拆迁和安置建筑面积拆建比约为1∶1.5。项目地块地理位置优越，属于城市规划居住区。规划用地面积47 914.43 m²（合71.88亩），总建筑面积21.452万 m²（图1）。

3. 运作模式

项目采用政府购买服务模式，整个运行过程中有五大主体，分别是购买主体、承接主体、资金管理主体、用款主体以及借款主体。

购买主体即开发区建设环保局，主要职能为结合当地棚户区改造工作的实际和需求，依法依规与承接主体签订政府购买棚户区改造服务合同，督促承接主体严格履行合同，及时了解掌握项目实施进度等。承接主体为山西省城镇建设投资有限责任公司，须履行提供服务的义务，以借款人身份向银行申请贷款，接受有关部门、服务对象及社会监督。开发区财政局作为资金管理主体，主要承担贷款资金账户的核算监督管理、贷款资金使用审请审核、购买服务资金筹集、支付等责任。大通公司受政府委托作为用款主体，即建设单位，具体负责项目的组织实施，承接省城投资公司拨付的项目建设资金，办理资金的提取、支付使用等事

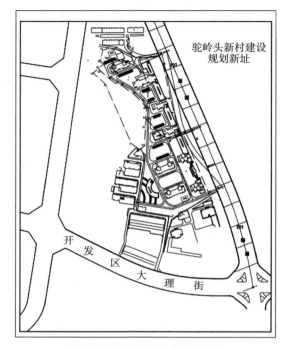

图 1　驼岭头项目规划示意图

宜。贷款主体与承接主体、用款主体三者之间签订借款合同。

从整个项目的资金流向来看，资金按照贷款主体、承接主体、用款主体的顺序流入，工程建设完成后交付购买主体，进行拆迁安置，而项目所得收益（来源主要包括保障房、招商引资等）由资金管理主体用以向承接主体支付购买服务的费用。实际上，资金管理主体可以直接将资金划入承接主体在银行开设的偿债资金专户，在图 2 中以虚线表示这一过程。

除五大主体外，村委会这一基层组织也扮演了重要的角色。在整个项目进行过程中，村委会在前期作为项目的建设单位，主要负责改造项目的申请、手续办理、报告编制等工作。后期建设主体变更，村委会作为甲方，与建设单位大通公司签订项目合作协议，负责组织协调村民有序进行整体搬迁，处理村民信访问题，协助建设单位办理相关事宜；对项目资金使用、工程进度、质量检测享有知情权与监督权；召开村支两委会、党员代表会、村民代表会等，收集村民意见，向建设单位、开发区管委会集中反映表达村民合理诉求。例如，驼岭头项目规划

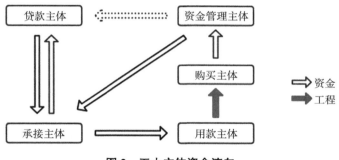

图 2　五大主体资金流向

造价时安置房窗户最初选用的是塑钢窗，建设过程中，村委会代表村民向建设单位提出将塑钢窗变更为断桥铝合金窗的诉求，经过多方协调，满足了村民的要求。

4. 拆迁补偿安置办法

根据房屋性质可将被拆迁建筑分为住宅房屋（私产）与非住宅房屋（公产）。住宅（私产）的补偿安置采用货币补偿和产权调换两种方式进行，由被拆迁人自行选择一种方式。拆迁原则有拆1还1.2或拆1还1两种，被拆迁人在2015年12月31日前以宅基地证红线范围内已形成有效房屋建筑面积为依据，1995年换发宅基地证后至2015年12月31日期间未加盖的房屋，建筑面积按"拆1还1.2"执行，加盖后的房屋二层及二层以下按"拆1还1"执行。而换发宅基地证至今未修建的房屋，增加原有效面积的20%。2015年12月31日后所修建的私产房屋不予置换或补偿。货币补偿标准根据原有房屋的楼层设置，在2015年12月31日以前已经形成的红线内2层以内的房屋建筑面积按2 600元/m² 补偿，3层以上700元/m²，5层以上不予补偿。而非住宅房屋则统一采用货币补偿，具体补偿费用标准由拆迁双方选定第三方公司进行资产评估后共同商议决定，此项目具体补偿费用见表2。

表 2　非住宅房屋补偿费用

性质	房屋所有人	补偿费用
非经营性	村委会集体	3 000 元/m²
经营性	山西兆丰铝业有限责任公司亚美招待所	1 024 440 元
	阳泉市消防器材修配厂	4 605 600 元

为了保障被拆迁人的合法权益，同时加快拆迁进程，最大限度避免纠纷与矛盾的产生，在货币补偿与产权调换基础之上另设置有搬迁补助以及奖励费，如表3所示。

表 3　搬迁补助及奖励费用标准

项目	标准	补偿方式	备注
搬迁补助费	1 200 元/户	货币补偿	1 次
		产权调换	2 次
临时安置补助费	1 000 元/（户·月）	货币补偿	一次性支付 6 个月
		产权调换	按实际过渡时间
奖励费	10 000 元		提前 15 d 搬离
	5 000 元		按规定时间搬离

较一般的棚户区改造项目而言，城中村改造项目由于要保留村委会建制，故在安置方案中要为村委会、村集体建设办公楼、幼儿园等辅助用房。具体到此项目，新建小区的附属配套建筑、管理及服务公共建筑、地下车库和车位、地下储藏室均只对驼岭头村委会及被拆迁人分配使用。考虑到村民搬迁后的收入来源，通常会留一部分底商给村民，另外，办公楼完全归村委会所有，多余的部分也可以用于出租。

5. 效益分析

（1）社会效益　棚改项目的建设有利于加强配套基础设施建设与改造，改善居民的居住质量和环境。改造前原有住房建设年代久远，年久失修，多为危房。且基础设施不完善，房屋拥挤，垃圾堆积，生活环境差。居民大部分为几世同住，子女较多，人均居住面积不足，远低于城镇居民人均住宅建筑面积。经过棚改，提高了人均居住面积，小区环境良好，配套基础设施完善，居民的生活质量得到了极大的提升。以驼岭头项目为例，可安置城中村居民 1 280 户，解决 4 096 人的住房需求（图3）。

棚户区改造可以加快推进阳泉市城乡一体化建设，推进我国新型城镇化进程。项目位于城乡接合部，原先与周边市区格格不入，建成后，改善市容市貌，使棚户区居民完全融入城市之中，享受城市居民的社会服务设施。

（2）环境效益　新建安置小区基础设施配套齐全，采用集中供暖、供水、

图3　驼岭头地块改造前后对比

供气、供电，有效减少了能源消耗。对生活污水及生活垃圾实行集中处理，净化居民生活环境。另外，通过改造，可以重新规划用地，将居住区与工业用地分隔，减轻环境污染，对改善周边环境，提升区域整体环境质量具有显著的环境效益。

（3）**经济效益**　棚改能够最大限度优化配置土地资源，促进土地合理高效利用，提升土地使用价值，发挥辐射效应，创造大量劳动力密集型和服务类就业机会；吸引投资，带动建筑业、装配制造、电器机械、电子及通信设备制造业等多个产业的发展，拉动当地经济发展。

二、总结与思考

1. 对棚改的认识

此次调研主要围绕棚改项目的运作模式与拆迁安置办法展开，接触到了许多在课本上没有学过的知识，对这项复杂的惠民工程有了较为深入的认识以及自己的一些见解。

首先，棚户区改造是一项惠民工程，具有很强的政策性与公益性，政府作为责任与实施主体，充分发挥了组织引导作用，整个改造过程由政府主导、政府推动，切实将棚改政策落到实处。而政府购买服务这一模式，实质上是用未来的钱（预算资金）办今天的事。

其次，棚户区改造更是一项发展工程，具有无穷的生命力与发展潜力。通过改造，平房变为高楼，空间转化为面积，提高了土地利用率，促使土地增值，带动经济发展，而多余的土地不仅可以建设经济适用房、保障用房，健全住宅保障制度，还可以用来建设工业园区，推动当地产业结构调整。

2. 问题与思考

实际项目进行中仍存在一些通病，如防护措施不到位，工期拖延等。一方面的确受到了新冠肺炎疫情的影响，另一方面，也说明甲方应该加强监管与督促。另外，工程进度款实行按月拨付制度，每月需要经过送审、第三方审定等环节，种种流程都便于各公司互相监督，但不可避免地导致工作效率较低，也容易造成项目工期拖延。因此，如何找到质量与效率的平衡点十分重要。

三、致谢

首先感谢实习单位对本次调研给予的支持与帮助，感谢工程部的各位工作人员对我的照顾。同时非常感谢老师们在调研过程中耐心的指导与建议，督促我有序展开调研，也使最终的报告得以更加完整地呈现。

陈 琰

白鹤滩水电站移民搬迁工程
对当地移民生活的影响

2020 年 8 月 24 日至 9 月 10 日，我以"白鹤滩水电站移民搬迁工程对当地移民生活的影响"为题展开了调研，调研地点主要在云南省昭通市巧家县白鹤滩镇七里社区，该搬迁区属于金沙江白鹤滩水电站巧家县移民安置区。调研从白鹤滩镇居民的立场出发，了解水电站对当地居民生活的影响，主要围绕吃菜、搬迁后生活习惯和邻里关系几个问题展开调研，能在一定程度上反映移民对搬迁后生活的担忧。本次调研历时 19 d，工作日多外出走访，周末则在家进行资料整理及分析汇总。本次调研是我第一次独立走出去进行调研，是对我的一次重大挑战。调研的过程并不是一帆风顺，虽有不少人热情协助，但也遭遇过碰壁与质疑，也有被人冷眼漠视。

一、调研情况

（一）调研地点概况

1. 白鹤滩移民搬迁

（1）白鹤滩水电站　白鹤滩水电站位于四川省宁南县和云南省巧家县境内，是金沙江下游干流河段梯级开发的第二个梯级电站，具有以发电为主，兼有防洪、拦沙、改善下游航运条件和发展库区通航等综合效益。电站建成后，将仅次于三峡水电站成为中国第二大水电站。

（2）逐年补偿安置方式　征地前人均耕（园）地小于 1.0 亩的村（居）民

小组，逐年补偿安置标准为 1.0 亩耕地的年产值；征地前人均耕（园）地大于或等于 1.0 亩的村（居）民小组，逐年补偿安置标准为 1.5 亩耕地的年产值。耕地基础年产值标准为 3 182 元/（亩·年）。

逐年补偿标准：1.0 亩耕地年产值的，每月发放逐年补偿费 265.17 元/人；逐年补偿标准为 1.5 亩耕地年产值的，每月发放逐年补偿费 397.75 元/人。

安置资金：生产安置人口的安置资金从土地补偿费和安置补助费中统筹用于逐年补偿。

统筹标准：逐年补偿标准为 1.0 亩的，统筹资金 50 912 元/人；逐年补偿标准为 1.5 亩的，统筹资金 76 368 元/人。

具体发放年限未确定。其中本次调研的七里社区，据村书记反映，几乎 98% 的村民都选择了该种移民安置方式。

2. 云南省巧家县

（1）自然条件　巧家县是云南省地形最为复杂的县城之一。巧家县具有典型的山区气候特点，夏季受东南海洋季风控制，雨热同季；冬春受极地大陆季风控制，干凉同季。年均气温 21.0 ℃，年平均降水量 822.7 mm；雨季（5—10 月）多年平均降水量为 736.5 mm，占全年降水量的 89.5%；干季（11 月至翌年 4 月）多年平均降水量为 86.2 mm，占全年降水量的 10.5%。多年蒸发量达 2 529.3 mm。境内太阳辐射强，年均辐射量为 566.39 kJ/cm^2；年平均日照时数 2 134.2 h，日照率 65%~80%，有效积温 7 646.7 ~8 264 ℃。

（2）地理位置　巧家县位于云南省东北部、昭通市西南部，地理坐标为北纬 26°32′~27°25′，东经 102°52′~103°26′。巧家县东与曲靖市会泽县接壤、南与昆明市东川区毗邻、西与四川省凉山州会东、宁南、布拖、金阳等县隔金沙江相望，北与昭通市昭阳区、鲁甸县隔牛栏江相望，地处滇川两省腹心地带。巧家县人民政府驻地白鹤滩镇，县城距省会昆明 268 km、昭通 151 km、四川西昌 169 km。

（3）经济条件　2016 年末，巧家县总人口为 612 354 人，其中城镇人口为 68 547 人，乡村人口为 543 807 人。本次调研区域巧家县白鹤滩镇七里社区，该村总户数约 510 户，常住人口约 2 300 人，共 12 个队，每个队分为 2~3 个小组。2016 年，全县实现生产总值 56.1 亿元，农村常住居民人均可支配收入为 7 871 元。

（二）调研方法

本次调研以走访为主、问卷为辅的形式进行，依次走访了巧家县的大型购物超市及当地最大的农贸市场，并拜访了七里社区的村支书，得到了一些关于村民搬迁的数据信息。同时发放问卷，在实践结束时共收获问卷 49 份。但由于问卷数较少，所获得的结果仅供参考，调研分析结果主要依据走访获得的具体信息。调研过程中天气变化无常，阴雨天时则在家查阅相关资料。

1. 超市及菜市场走访调研

首先走访了巧家县时代润发超市，目的是了解当日的蔬菜价格。在对蔬菜价格进行拍照时，遭到了管理员的阻拦。在我说明来意并出示相关证件后，得到了管理员的支持，超市销售员还主动告知了我一些蔬菜价格的变动情况。就当日的调研结果来看，超市的蔬菜价格变动大，早晨蔬菜较为新鲜，为当日蔬菜价格的最高峰；傍晚时分叶菜类蔬菜会进行一次促销，价格大幅度降低，如白菜、生菜等叶菜的价格会降至 1.98 元/kg 左右。与超市相比，农贸市场的菜价单日变动幅度小，但变动弹性大，即标价不易改变，但讨价还价后实际购买的价格差异大。

2. 村民农户走访情况

在本次暑期社会实践调研中，我随机走访了七里社区的 10 户村民，了解其家庭的蔬菜种植情况与他们对白鹤滩水电站移民搬迁工程的看法，其中有蔬菜种植户、空巢老人、无稳定收入的中年人及在县城内务工的人群，目的是了解该工程对当地移民生活所造成的影响。

（1）蔬菜种植户 调研走访了两户蔬菜种植大户，其中一户邓阿姨积极配合，并热情地招待了我。邓阿姨今年 56 岁，无工作，主要经济收入为贩卖蔬菜。其丈夫邓叔叔是一位泥瓦匠，平日在工地上做零工挣钱养家，其中贩卖蔬菜的收入占家庭总收入的 40% 左右。邓阿姨家种有 5 亩菜田，最常种植的蔬菜有韭菜、苦瓜、四季豆等，其中韭菜常年种植。邓阿姨家有一子一女，女儿已成家，儿子是大理大学医学系的在读大三学生，免学费且每学期有 800 元生活补贴，家庭经济负担小。搬迁后无地，但将在县城内拥有两套房，夫妻双方均对该工程持积极支持态度。

（2）县城内务工人群 在七里社区的移民中，有 45% 的人口为 20~55 岁的劳动力人群，其中调研走访了 2 户移民，被调研人年龄分别为 21 岁和 35 岁。21 岁为青壮年，父母一辈还有劳动力及经济收入，且大多数该年龄段的人群还未成家，个人经济压力小。根据走访对象反映，他身边的同龄朋友家庭情况大多与他类似，他们本人在城里找工作上班，其中较为热门的职业有外卖员、超市收银员、餐饮服务员等。该走访对象非常支持移民搬迁，他表示自己更喜欢住高楼大厦，离县城中心近一些更方便上下班。

35 岁的王先生则面临着较大的生活压力。王先生的工作是为宴会准备饭菜，收费通常为 30 元/桌。平日里正常情况下每月能接 10 单，平均每单 30 桌，每个月的收入大概为 9 000 元。但由于受新冠肺炎疫情影响，王先生的收入大幅度减少。王先生家现居住的房屋评定等级低，所获得的赔偿金少，搬迁后分配到的房屋还需补差额，加之儿子还在上学，家庭经济负担重。对此，王先生表示不太愿意搬迁。

（3）孤寡或空巢老人　白鹤滩镇位于西南比较偏僻落后的小县城，经济极不发达，很多村子里的青壮年劳动力都外出前往东部沿海较为发达的地区务工，一年仅回一次家。因此，很多老年人都成了空巢老人。本次走访调研中，有两户皆为这种情况。

其中一户是家住七里五社的刘爷爷，刘爷爷平时捡一些塑料瓶、纸箱、废铁换钱，虽然日子拮据，但基本可维持生计，收益稍高的时候还可以买点酒和隔壁大爷一起喝一杯。刘爷爷表示对搬迁没什么看法，只是担心搬迁后住高楼不方便，加上自己从来没有坐过电梯，害怕不会操作。另外，刘爷爷担心搬迁后的邻里关系不及村子里那么亲密。

3. 问卷调研情况

本次问卷共设计有 12 个问题，前 3 个问题是对个人信息的统计，问卷对象中近 50% 为 40~60 岁年龄段的人群。问卷结果显示，参与本次问卷调查的人群中，70% 的家庭蔬菜种植面积在 5 亩以内，其中 40% 集中在 2~3 亩，即不以蔬菜种植为主要经济收入来源，除满足自家蔬菜需求外，部分剩余蔬菜进行出售，收入月均 500 元左右，约占家庭月收入的 12%。

当问及搬迁后是否愿意继续从事农业活动时，其中大部分人表示愿意继续种菜，原因首先是吃自己种的菜比较放心，其次是搬迁后种菜的人少了，蔬菜价格可能会上涨，种菜的收益会随之增加。但由于村民选择逐年补偿安置方式，搬迁后便没有土地，实现有地可种的可能性较低。

（三）调研结果

根据以上调研所获得的情况进行分析，我总结得出移民搬迁工程对移民生活造成的影响主要体现在"食""行"与情感变化上。

1. 对移民出行造成的影响

在调研走访人群中，不少人担心搬迁后居住的楼层过高，对日常生活的出行不便。对此，我查阅相关资料了解到金沙江白鹤滩水电站巧家县移民安置区的安置房建造形式。安置房分为 50 m²、100 m²、125 m²、150 m² 4 种不同户型，每个移民有 50 m² 的购房权。安置房最高 17 层，50 m² 户型一层 8 户，100 m² 户型一层 6 户，125 m² 户型一层 4 户，150 m² 户型一层 3 户。安置房修建完成后，根据移民选择的不同户型进行抓阄，最终决定移民入住户数。

因为抓阄具有随机性与不可预测性，首先，不少老年人担心所住的楼层过高，加上自己不会使用电梯，出行很不方便；其次，不少人担心停电情况下不能使用电梯，对上下楼造成很大的影响。

2. 对移民吃菜造成的影响

金沙江白鹤滩水电站巧家县移民搬迁区涉及北门社区、可福村、库着村、黎明社区、莲塘社区、棉纱村、七里社区、巧家营社区等，其中七里社区、可福村、库着村距离县城较近，是县城内蔬菜供应的龙头村落。根据对菜市场的调研走访情况来看，半数以上蔬菜摊贩都是以上村子里的移民。再结合村书记所提供的移民安置选择方式，搬迁后县城周边的蔬菜种植面积大幅度减少，蔬菜供应也将受到影响。

在走访人群中，48% 的人认为搬迁后蔬菜价格会大幅度上涨，22% 的人则表示蔬菜价格变动趋势难以预测，余下 20% 的人认为蔬菜价格基本维持不变，没人认为蔬菜价格会降低。对此，我认为蔬菜种植面积的减少，极有可能造成蔬菜供应源的减少。所以，移民的吃菜也会面临问题。除此之外，大多移民目前都食用自家地里种的菜或购买乡邻在菜市场贩卖的菜，搬迁后食用的蔬菜来源不明确，担心其存在安全隐患等。

3. 对移民乡邻情感的影响

在走访人群中，半数老人搬迁后随子女一起居住，但仍有不少孤寡老人须在搬迁后独居，且生活自理能力较弱。他们在村子里住了近一辈子，与乡邻们相处得十分融洽，平日里也能与周围住得比较近的其他老年人相互照应，饭后茶余出门走走就能遇见熟人闲聊几句。但是，搬迁后出门不方便，与之前的熟人也可能住得较远，不方便走家窜户沟通情感。

二、问题与对策

针对以上发现的问题，我查阅资料并结合实际情况，提出了相应的解决对策。

1. 建立大型蔬菜种植基地

白鹤滩镇为巧家县政府所在地，经济发展水平比其他乡镇高，用地情况也相对较为紧张，所以在白鹤滩镇发展大规模蔬菜种植的难度相应较大。因此，为满足搬迁后移民及县城其他居民的日常蔬菜需求，可在其他乡镇发展大规模蔬菜种植。

（1）发展大规模蔬菜种植条件　优越的外部环境条件。巧家县境内白鹤滩巨型电站的建设及昆巧公路的全线贯通，必将为巧家县蔬菜产业带来重大机遇。境内只有工矿企业 4 家，废气、废水、废渣污染较少，是无公害农产品生产的理想场所；县委、县政府高度重视，把反季蔬菜的生产作为冬季农业开发的重点，并从资金、物资、技术上给予重点扶持。

得天独厚的气候资源。海拔 1 600 m 以下的金塘乡、蒙姑乡、大寨镇、茂租乡、东坪乡、中寨乡和白鹤滩镇，平均温度 21.1 ℃，年平均降水量 801.4 mm，月均温低于 15 ℃ 的月份只有 12 月和 1 月，分别为 12.9 ℃ 和 12.3 ℃，无霜期 324 d，是一个天然的大温室，在这里种植蔬菜只需注意 12 月和 1 月的低温，稍加设施（如地膜覆盖）处理，就能使各种喜温蔬菜正常生长。

良好的市场氛围。近几年来，巧家县每年都有超过 0.1 万 hm² 的马铃薯、豌豆、番茄、鲜玉米等各种蔬菜远销昆明、贵阳、长沙、重庆、成都、攀枝花等大中城市，每到 1—4 月，都有很多客商聚集巧家县抢购各种蔬菜，所以巧家县蔬菜特别是冬早反季蔬菜出现了种、销两旺的势头。再加上白鹤滩巨型电站建设日期的临近，这必将成为巧家县巨大的蔬菜需求市场。满足向外销售的同时，必然能解决当地人对蔬菜的需求。

（2）因地制宜规划蔬菜种植区　针对巧家县蔬菜生产现状及存在的实际问题，结合本地特殊地理区位优势，可初步将巧家县蔬菜的发展进行定位——"高山大棚冷凉菜，半山特色菜，河谷反季菜"。根据这一定位和巧家县立体气候特点及自然环境优势，规划 3 个种植区。

冬早型蔬菜种植区。海拔 517～1 200 m 的金沙江、牛栏江流域的江边河谷区，这一区域属南亚热带气候，年均气温 21.1 ℃，年降水量 801 m，≥10 ℃的活动积温 7 224 ℃。涉及全县 9 个乡镇，23 个村，耕地 1.33 万 hm²，规划发展冬早蔬菜 0.33 万 hm²，主要分布在蒙姑、金塘、白鹤滩、大寨、茂租、东坪、红山、小河、新店等适宜乡镇。

温凉型蔬菜种植区。海拔 1 200～1 800 m 的地区，属中、北亚热带气候，平均气温 17.3 ℃，年降水量 975 mm，≥10 ℃的活动积温 5 475 ℃。该区域具有相应的灌溉条件，是大力开发的优势区域，规划面积 0.4 万 hm²。布局在白鹤滩、金塘、蒙姑、炉房、中寨、崇溪、老店、包谷垴、新店、大寨、茂租、小河、红山、东坪 14 个乡镇 58 个村，种植以夏秋适宜生长的番茄、黄瓜、苦瓜、南瓜、辣椒、菜豆、茄子、生姜等各种时鲜蔬菜为主，并在白鹤滩镇法土村、大寨镇大寨村、小河镇坝统村、东坪乡东坪村，4 个村各建立 66.67 hm² 连片的白菜、辣椒、茄子、番茄等示范村。

冷凉型蔬菜种植区。海拔 1 800～2 400 m 的地区，属暖温层、南温带气候，平均气温 12.4 ℃，年降水量 1 289 mm，≥10 ℃的活动积温 3 166 ℃。规划面积 0.27 万 hm²，主要分布在白鹤滩、大寨、茂租、红山、东坪、小河、新店、老店、包谷垴、中寨、崇溪、马树、炉房、药山 14 个乡镇，62 个村。规划在老店镇治乐村、白鹤滩镇中村建立 2 个 66.67 hm² 连片的白菜、甘蓝、萝卜等示范村。

（3）蔬菜无公害检测 实施无公害商品蔬菜生产基地建设，在全县建成优质高效、规模化生产基地，并对农田基础建设进行升级改造。

新建县级农产品质量安全检测中心，完善县蔬菜农残检机构。在重点产菜乡镇将逐步建立农业生态环境监测点，对蔬菜生产环境、投入品、生产销售环节实施监控，控制产区污染，净化产地环境；杜绝使用高毒农药、劣质化肥、伪劣种子等无公害标准禁止使用的农用物资；对生产基地、农产品销售市场进行农药残留检测，防止不合格产品上市和销售，确保城乡居民吃上优质"放心菜"。

2. 老年人出行及日常生活保障

对于孤寡或空巢老人的安置房选择，可实行捆绑抓阄，即两位或多位搬迁后皆独居的老人，在彼此知情并同意的情况下，由其中一人代表该群体进行抓阄，选取相邻的安置房进行再分配。这样可以让独居老人的住房距离较近，彼此之间相互有照应。

　　搬迁后首先进行电梯使用的指导教学，或在电梯刚运行前几周，在电梯里安排志愿者进行实际操作指导，帮助该人群快速掌握电梯的使用技能。其次，在移民安置区设立老年人活动中心，如棋牌室、茶馆等，帮助搬迁后的老人排忧解闷，更快速地适应搬迁后的生活。

刘炯一

家庭种植意愿调研实习报告

2020 年初，受新冠肺炎疫情影响，全国上下都度过了一段几乎闭门不出的日子。这段时间内，除了保障前线工作人员物资需求以外，封闭在家的群众也需要保障生活必需品的来源稳定。而阳台农业这种具有观赏性和自给性的农业生产方式既可以在平时使人们对蔬菜生产过程具有一定认知，帮助人们了解农业生产，也可以让人们在家吃到绿色安全健康的蔬菜，甚至让人们在面对疫情这种突发情况时缓解一些压力。

阳台农业是在具有一定高度的阳台上或楼顶进行的农业生产活动，所使用的大多是脱离土壤的新型栽培方式，如基质培、水培和雾培。人们更看重阳台农业的是观赏、美化和收获多重效果的兼顾，不仅需要它成为一个家居环境的装饰，也需要它能够令人们获得回归自然的体验。

一、阳台农业用户需求调查

（一）调研地点

预想调研地区在江西省宜春市袁州区秀江街道，但据了解，周边居民对阳台农业了解不多。另外，考虑到附近居民数量问题，最终将调研对象定为秀江街道及附近几个小区内的居民。

（二）调研方法

根据数据需求，设计的调研问卷共 43 个问题，主要包括以下几部分。①调研对象的基本信息，如年龄、性别、学历、收入等。②调研对象对食品安全的关注点，如保质期、食品添加剂、农药的使用等。③调研对象的种植经历、种植目的和障碍。④调研对象对阳台农业系统的期望和需求。⑤调研对象对阳台农业系统的接受和使用推荐意愿。

调研过程共分为 3 周，第一周主要通过走访获得信息，对这部分信息进行预调研，检验问卷的信度和效度，同时借此发现问卷中的问题，并完善问卷结构。第二周将制作好的问卷通过线上方式进行发放，同时继续走访，线下发放纸质问卷进行辅助，以便更快地收集到更多的有效数据。第三周将收集到的数据进行录入、分析，得出结论，了解市场对阳台农业系统的需求之后先对市场上现有产品进行对比，择优选取，或对现有产品提出改进建议。

（三）调研结果

1. 性别分布统计

调查结果显示，填写问卷的男性有 72 人，占比 37.7%；女性 119 人，占比 62.3%。男女比例大约为 1 : 2，结合问卷题目"家庭种植和食品安全"，说明可能女性对于家庭种植类产品的兴趣和对食品安全的关注度比男性高，可以初步推断女性可能是将来购买阳台农业系统的主力，由此可以考虑在外形、风格的设计上迎合女性的爱好以增加购买量。

2. 年龄分布统计

调查结果显示，本次接受调查的人群年龄主要分布在 30 岁以上，其中 30~39 岁和 50 岁以上占比最多，分别为 28.27% 和 29.84%，40~49 岁占了总人数的 24.61%，29 岁以下的总占比不过 17.28%，这个年龄段分布比较符合预期。与 20 岁以下和 20~29 岁中还有尚未独立生活的学生不同，30 岁以上年龄段内的受调查人群基本都已经有了自己独立的经济来源，所以对于之后关于成本的分析也会更加准确。

3. 月收入分布统计

调查结果显示，月收入分布最多的阶段是 1 000~3 000 和 3 000~5 000 元，共占比 62% 左右，月收入 1 000 元以下的低收入人群非常少，月收入 5 000 元以上的人群不比 1 000~5 000 元的人多，但总占比不少，所以在设计系统时，也可以在面向大众的基础款式上推出更为精细或更为美观的款式以供选择，来满足这部分人群的一些特殊需求。

4. 食品安全方面的认知分析统计

本次调研将问题设置为 5 分制，1 分关注度最低，5 分关注度最高。

根据调查数据，在选购食品过程中，对绿色食品认证标志的关注度得分为 3.84，对生产日期和保质期的关注度得分为 4.7，对食品添加剂成分的关注度得分为 4.01，说明现在人们在选购食品时大多都会关注一些食品安全方面的指标，但对于绿色食品认证标志和食品添加剂的关注度相对于保质期来说还有些差距，这也说明人们对于食品新鲜度的要求比较高，阳台农业在这方面会具有一定的优势。

5. 蔬菜生产过程使用技术的接受程度统计分析

本次调研将问题设置为 5 分制，1 分接受度最低，5 分接受度最高。

调查结果显示，人们对于蔬菜生产过程中使用化肥的接受度得分为 2.76，使用农药的接受度得分为 2.33，对转基因技术的接受度得分为 2.24。同时结合一些询问意见得知，人们觉得在生产过程中按规定适量使用一些化肥农药等是无法避免的事情，如果残余量控制在规定范围内也可以接受，但他们仍然会担心自己购买到的蔬菜农药残余量超标，说明还是对化肥农药过量施用不太放心，所以阳台农业在可以自己生产无化肥、无农药的绿色蔬菜的优势下，被接受的可能性就会更大。

6. 种植经历统计分析

在接受调查的 191 人之中，有过种植经历的共有 152 人，占比 79.58%，根据他们种植的品种来看，观赏性的比较多，其次是食用类的，说明人们过往的种植是以改善环境、美化环境为主要目的，其次是实用性和寄托一些美好愿望。另外，没有种植经历的人只占 20.42%，在这部分人之中，又有接近 40% 的人有过种植的意愿，但由于各种障碍没能实施，这部分人也是潜在的阳台农业系统用户，只要系统可以满足他们的要求，打消他们原本的顾虑，他们也会愿意接受使用阳台农业系统。

7. 种植目的认同度统计分析

本次调研将问题设置为 5 分制，1 分对该原因认同度最低，5 分对该原因认同度最高。

有过种植经历的人群种植目的中美化环境得分 4.29，合理利用空间得分

3.56，教育学习得分 2.96，休闲娱乐得分 4.14，食用健康蔬菜得分 3.79，便于获取食材得分 3.79。

即大多数人进行家庭种植的目的是美化环境、休闲娱乐，其次是食用健康蔬菜和食材的获取，这与从他们的种植品种中得出的结论一致。因此，在阳台农业系统的设计中，外形将会是一个非常重要的因素。

8. 家庭种植的障碍因素认同度的统计分析

本次调研将问题设置为 5 分制，1 分对该原因认同度最低，5 分对该原因认同度最高。

没有种植经历的人并未选择种植的原因中时间或精力有限得分 4.13，空间有限得分 3.62，环境不好清理得分 3.38，不懂或不会种得分 4，担心病虫害得分 3.1，经济成本高得分 2.44。

由此看出，使他们没有进行家庭种植的主要原因是时间或精力有限和不懂或不会种植，即担心自己无法照料好植物，其次是空间条件有限和环境清理问题，病虫害和经济成本是影响最小的因素。因此阳台农业系统最需要满足的条件是操作简单便于照料，不要过多占用时间或者是繁复操作。其次是占地空间不宜过大，也不能对环境造成太大的污染，要便于清洁整理。在这些条件满足的情况下再尽量降低所需成本。

9. 各因素间的交叉统计

调研对象的年龄以 30 岁以上为主，家庭种植种类以绿色无花类和可食用类为主，各年龄段的群众所选择的种植种类的分布趋势比较一致，与年龄关系不大。

根据数据可知，各个年龄段最偏爱的价位有所不同，如 20~29 岁和 40~49 岁最偏爱的价位是 400~600 元，50 岁以上最偏爱的价位是 1 000 元以上，30~39 岁最偏爱的价位是 400~600 元和 1 000 元以上，但总体而言，选择价位 400~600 元的人最多。所以阳台农业系统的经济成本不能太高，或者区分价位以满足不同年龄段的需求。

月收入对理想价位有较为明显的影响，普遍来说月收入越高，愿意投入的经济成本也越高。每个收入阶段偏好的价位有所不同，但整体而言 400~600 元的价位占比在各个收入段都比较稳定，这一点与年龄和理想价位的关系中得出的结论相似，说明 400~600 元的系统受众应该最为广泛。最终选择的阳台农业系统价位定在这个范围较为合适。

年龄对于理想管理频率的影响比较明显，其中 30~39 岁的人群关于理想管理频率更多地选择了较低的 7 d 一次，而随着年龄段的增大，理想频率开始提高，逐渐变为 3 d 一次并开始占据主体。

这种情况的出现可能是由于 20~29 岁时刚刚步入社会，还对一切都有新鲜感，所以有尝试新事物的意愿，而 30~39 岁正处在工作繁忙的时期，上有老下有小，没有太多的时间去照料植物，随着年龄的增长工作逐渐不那么繁忙甚至退休之后开始有了更多的时间，就更加愿意在家庭种植上付出更多时间，甚至以此打发时间、锻炼身体。

数据显示，生活节奏悠闲的人群最能接受高频率的管理，生活节奏适中的人群最多，他们也能接受最高频率的管理。生活节奏比较紧张的人群最希望管理频率为 7 d 一次。生活节奏比较悠闲的人群和节奏紧张的人群对于理想管理频率的分布都比较平均，甚至于生活节奏比较悠闲的人群更加希望降低系统的管理频率。

不论是哪个年龄段，生活节奏适中的人群都是大多数，20~29 岁开始出现紧张和比较紧张的生活节奏，30~39 岁年龄段的人群中节奏紧张和比较紧张的占比最多，随着年龄的增长，生活节奏又普遍有所放缓，这与之前从年龄与理想管理频率中分析出的结论相似。

所以最终的阳台农业系统的管理维护频率可以尽量降低，以满足人们的时间和精力方面的需求。

10. 调研对象对阳台农业系统的期望值统计分析

本次调研将问题设置为 5 分制，1 分为对该方面期望最低，5 分为对该方面期望最高。

受调查人群对阳台农业一些方面的期望值得分中占地面积小得分为 3.83，便于管理得分为 4.44，外形美观得分为 4.55，易于移动得分为 4.2，清洁方便得分为 4.65。

从数据可见，人们对于阳台农业系统最看重的是清洁方便和外形美观，这与原本有种植经历的人群的目的一致，也是阳台农业设计要注意的重点。

二、问题与对策

根据问卷获得的数据分析可知，阳台农业系统如果要满足更多人的需求，那么整个系统的经济成本不能过高，400~600 元是比较合适的价位区间，也可以在此基础上推出更加高端的产品满足部分人群的需求。

考虑到照料和维护系统所需要付出的是时间成本以及当代生活节奏的加快问题，系统的运行需要保证在 7 d 一次的管理频率下也可以顺利进行，同时管理时的操作不宜过于复杂，才能吸引到更多的人产生购买欲望。

从受调查群众的性别来看，女性对于该系统的兴趣较高，从种植目的和期望值中也可以看出对于美化环境和外形美观的要求比较高，所以外形是一个值得设计的点。

由于人们对占地面积小这一方面期待值相对来说不算高，所以在满足外形美观和操作方便的条件下，对于占地面积的要求不需要太过于看重，也可以适当利用立体空间增大种植面积。

目前市面上有的家庭阳台农业设备有 150~700 元不等，排名比较靠前的几款中，有占地 220 cm×63 cm×180 cm 的 A 形种植架、占地 98 cm×60 cm×103 cm 的双面梯式种植机、占地 98 cm×50 cm×96 cm 的单面梯式种植机和占地 98 cm×45 cm×103 cm 的 3 层 12 管种植架。这几款占地面积都不大，最大的也不超过 3 m²。与消费者的意愿并不冲突。

这几个系统在价位方面都比较符合数据得出的最佳价位区间，但从外形上来看都非常普通，管道采用饮水管或是 U-PVC 种植管，支架选用了塑料管或是喷塑角钢架，组装非常简单，显然，外形上不能满足以女性为主的消费者购买的要求。

这些系统都是采用水培的方式，下方配有水箱和水泵，利用水泵通电，将营养液从水箱中抽到管道中为植物提供营养，平时的护理就是添加营养液和补充清水，即每隔大约 1 个月的时间添加营养液，同时自行定期清理管道内的青苔，5~7 d 补充一次清水即可，频率最高的操作足够简单，管理频率也满足了要求。

所以市面上目前的阳台农业无土栽培系统其实从功能上都符合本次调研得出的需求，只不过外形上可能并不能够有效吸引到人们购买。

在调研走访过程中，与一些人有了比较深入的交流。交流过程中发现有很多人对现在的农业技术发展水平不了解，说到农业生产和从事农业生产工作的人时，他们的印象还停留在非常落后的状态，而且对于蔬菜的种植过程普遍了解不多，大多都是直接去菜市场或超市买菜。

街道附近还有很多户人家，在此之前在附近有过几亩地用来种菜，但随着城市的发展，附近环境也断断续续进行了改造，如建起了小区，原本的耕地就不在了。住进楼房之后，老住户也经历过一段时间的不适应，后来才慢慢去找别的工作，在询问时依然表达出了怀念耕种的想法。

在问卷设计出来之后的发放阶段，不管是线上发放获得的回复还是线下发放由于时间充裕闲聊的几句，我都获得了相似的结论，就是他们对于阳台农业系统的期待和兴趣。

希望有一天人们可以对农业有更多的了解，更多的体验，收获绿色健康的食材，与自然更亲近，让"种菜是中国人的天赋和本能"这句话成为普遍的现实。

汪诗垚

绵阳 M 环保有限公司
实习报告

我实习的地点是绵阳 M 环保有限公司。

绵阳 M 环保有限公司专注于城市生活污水处理、城市生活垃圾处理以及环保专业施工、给排水工程施工；炉灶排硫设施安装及维护；环保材料销售；农村沼气开发利用等，为企业、国家实现低能耗、低水耗、低污染的可持续经济发展护航。

实习时间为两周，实习工作主要分为两部分，第一部分是办公室工作，第二部分是实地调研参观。

一、实习调研情况

（一）实习地点概况

绵阳 M 环保有限公司属下主营项目有塔水镇柑子村生活垃圾处理场、安州区城市生活污水处理厂和乡镇污水处理厂（站）。柑子村垃圾处理场主要负责安州区城区及各乡镇生活垃圾的收集和填埋处理。安州区城市生活污水处理厂主要负责安州区工业园区工业废水及界牌镇城镇污水处理。乡镇污水处理厂（站）下辖塔水镇前锋桥污水处理站、秀水镇西园干道污水处理站等共计 18 个污水处理厂（站）。目前该公司正在实施安州区农村生活污水治理"千村示范"项目建设工作，建成后将彻底解决各乡镇村组生活污水治理问题。

（二）实习内容

1. 办公室工作

两周实习的工作日里，我在绵阳 M 环保公司进行日常工作，接触并了解环保行业办公室工作人员的工作模式。我每天的工作内容包括：参加会议，撰写会议记录；阅读整理公司资料，撰写公司资料报告；制作相关表格等。

2. 实地调研参观

两周实习的周末，分别参观了绵阳 M 环保公司运营的安州区清溪污水处理厂和塔水垃圾处理场，实地了解了乡镇污水处理厂和垃圾处理场的运营模式、生产工艺等。

（三）调研结果

1. 办公室工作体会收获

两周的实习工作，我收获挺多的。

第一点就是与同事和领导的相处。因为我的性格原因，我一直很担心自己进入职场后，与同事和领导的相处出现问题。但是在 M 环保公司的两周，我发现与陌生同事的相处其实非常自然，大家上班都在做自己的事情，闲聊之类的事完全不会出现。而午饭时间，带我实习的同事会带我一起去食堂，将其他同事介绍给我，每天午饭时间坐在一起聊聊，我很快就跟整个办公室的同事都熟了。与领导的相处就更简单了，只要把自己分内工作做好，领导并不会过分注意我，更不要说影视作品里常见的"穿小鞋"等刁难行为，尤其对我一个实习生更不会过于"关注"。

第二点就是使用办公软件的能力。在实习之前，我对 Word、Excel 等办公软件的运用只能说是熟练，对公文、报告等的格式要求一窍不通，制作表格也只会最简单的方法。这就导致我实习时，写的许多总结和报告的格式等都有问题；制作表格时，也因为不会 Excel 的小技巧，耗费几倍于同事的时间，严重拉低工作效率。所幸两周的实习结束后，我对办公软件的掌握更熟练了，对公文、报告等的细节要求也基本掌握。

第三点就是对资料等的处理能力。因为公司要接受省里环保部门的检查，我两周的实习时间里有一大部工作都围绕着检查展开。公司需要整理前几年的资料，形成更为系统、简洁的报告等，还需要清查各厂（站）目前情况，形成更全面的数据报告。对于大量资料的整理和报告撰写工作，前期我还不太熟练，每天都需要花大量时间完成。而两周的实习时间快结束时，我已经能够在较短时间内完成资料整理工作。

2. 实地调研参观体会收获

这两周实习，工作日我在办公室参与日常工作，两个周末就用来参观安州区一个污水处理厂和一个垃圾处理站。

第一周周末参观的是安州区一个污水处理厂。这个污水处理厂，日处理污水量 15 000 t，出水排放标准达国家一级 A 标准。

上午我去参观的是污水处理厂，因为临近公司接受检查，门岗通行管控严格，所以我拜托同事联系了一名设备操作人员带我进厂。

参观污水处理厂的过程中，整个污水处理厂都有污水的异味，越靠近处理区域异味越严重，而距离污水处理厂不远处就是居民区，这些异味对附近的居民生活和健康都带来了困扰。

除此之外，我向这位带我参观的操作人员询问污水处理厂所用污水处理的详细工艺时，操作人员表示自己不清楚，只负责操作机器。如果一线操作人员在操作过程中，只是遵循工作步骤一板一眼地操作机器，而不是经过了解后再进行机器操作，那么如果污水处理流程发生问题，一线操作人员却不能及时发现，这中间产生的意外损失和对环境的影响，由谁来买单呢？

第二周周末参观的是垃圾处理场。垃圾处理场，占地面积 11 亩，设计库容 43.39 万 t，渗滤液设计处理能力 55 m^3/d，现日处理安州区生活垃圾约 180 t，库区剩余容量 7.4 万 t。因渗滤液浓度过高，垃圾处理场原有的渗滤液处理设施难以满足需求，公司通过租赁渗滤液应急处理设备处理，同时推进垃圾场渗滤液技改项目来解决渗滤液浓度过高的问题。

垃圾处理场的门岗通行管控依然很严格，经过工作人员与门岗管控人员的交涉，我成功进入厂区。但很遗憾的是，工作人员明确表示我不能参观核心区域，只能在非重点区域进行简单参观。我询问了一下原因，工作人员表示，8 月初的洪涝灾害给垃圾处理场带来了较大的影响，尤其是垃圾堆放区域和渗滤液处理区域，所以从我的安全和厂区的工作开展两方面考虑，厂区拒绝了我对核心区域的参观请求。

二、问题与对策

两周的实习，虽然我实地参观的只有安州区一个污水处理厂和一个垃圾处理场，但我从日常工作整理的资料中，也发现了一些其他厂（站）的问题。

（一）各厂（站）对洪涝灾害的应对处理不够及时有效

2020 年 8 月，安州区出现特大强降雨天气，遭遇了近 10 年来最大的一次洪涝灾害，宏博环保公司多个厂（站）、在建项目受灾受损。

A 污水护理站，洪水漫入站内，预估损失在 60 万元左右。

B 污水处理站，洪水漫入站内，预估损失在 50 万元左右。

C 污水处理站，洪水无法排出，预估损失在 20 万元左右。新安装的一体化应急污水处理设备未受损失，正常运行。

D 污水处理站，洪水漫入站内，预估损失在 60 万元左右。

E 污水处理站，洪水漫入站内不严重，但配电设备被雷击坏，安装好的管网被冲毁数十米，设备停运，预估损失在 20 万元左右。

F 污水处理 2 站，洪水漫入站内，厂站内设备未受损，但已安装好的主管网、支管网、修筑的检查井、堡坎被严重冲毁，预估损失在 80 万元左右。

G 生活垃圾处理场，强降雨导致库区内垃圾上涨至库区水平面，填埋好的垃圾移位上浮，大面积覆盖好的 HDPE 膜被吹翻吹烂，用于应急处理的抽水泵、处理设备受损严重，进场道路、排洪渠被冲毁，新增渗滤液近 10 000 m³，预估受损及后续处理费用在 300 万元左右。

农村污水治理"千村示范工程"，多个在建、停工点位受到不同程度损坏，预估损失在 198 万元左右。

（二）污水处理厂异味较为严重

一走进污水处理厂大门，我就能够闻到异味，再向污水处理区域靠近，异味加重，来自污水处理厂的异味对周围居民的生活也带来很大影响。

（三）污水处理厂生产工艺还有提升优化空间

污水处理厂采用 A2O 处理工艺，日处理量 15 000 t，出水排放标准达国家一级 A 标准。

A2O 工艺又称厌氧缺氧好氧工艺，在 AO 工艺的基础上研发而来。A2O 工艺具有同步生物脱氮除磷功能，厌氧池中发生释磷作用，缺氧池主要进行反硝化作用，好氧池中进行过量吸磷及硝化作用。

A2O 工艺对各污染物处理效率一般能达到：BOD$_5$ 和 SS 为 90%~95%，总氮为 70% 以上，总磷为 90% 左右。

污水处理厂除细格栅、沉砂池和生化池，还配备风机房、在线监测室和污泥脱水间，还有一个景观池。

（四）生活垃圾处理场库存告急

垃圾处理场设计库容 43.39 万 t，主要处理花荄、塔水、秀水等 9 个乡镇的生活垃圾。

垃圾处理场现日处理安州区生活垃圾约 180 t，但库区容量仅剩 7.4 万 t，面临封场问题，安州区生活垃圾去向亟待确定。

（五）G 生活垃圾处理场渗滤液浓度过高，库存过大

2017—2019 年，G 垃圾处理场接收了 3 处非正规垃圾堆放点共计超过 6 万 t 的存量生活垃圾，并对这些垃圾进行卫生填埋。

但由于这 3 处非正规垃圾堆放时间久、渗滤液浓度过高，导致 G 生活垃圾处理场生化系统在 2018 年 5 月开始出现故障，渗滤液生化系统菌种因承受不了过高浓度，出现了失活现象。2018 年 7 月，该场遭受了 50 年一遇特大暴雨，库区渗滤液骤涨，3 d 时间增长量高达近 5 万 m³，库区渗滤液一度濒临警戒线。

为尽快消减渗滤液，减少坝体承重负荷，避免发生溃坝，造成渗滤液外泄外溢事故，公司采用应急处理措施，于 2018 年 12 月紧急启动渗滤液应急处置项目，租赁应急处理设备进行处理，渗滤液日处理量达到 200 m³/d。截至目前已处理渗滤液近 4 万 m³，共计费用约 468 万元，库区还剩约 1.5 万 m³ 渗滤液未处理，仍然存在安全隐患。

眼下公司已着手实施渗滤液处理单元技改扩容项目，建设期间应急处理同步进行，预计 2020 年 10 月进入调试阶段，建设内容主要在现有渗滤液处理单元基础上增设工艺池体和扩大设备单元，使处理站终端产水量达到 100 m³/d，水质达到《生活垃圾填埋场污染控制标准》（GB 16889—2008）。

（六）洪涝灾害

在这次洪涝灾害中，公司从思想上、组织上、措施上积极做好各项防汛工

作，尽管如此，各场站依然遭受很大损失，G 生活垃圾处理场的损失和后续处理费用甚至高达 300 万元。

雨水强度过大固然是一个主要原因，但公司的应对仍有不足。据我了解，洪涝灾害期间，部分场站的值班人员电话无法打通，许多指示和决策难以及时传达和执行。而公司提前购买的沙袋、发电机、抽水泵等防汛物资也只能优先供给最重要、汛情最严重的几个场站，防汛物资的利用不够充分。

针对以上两点，公司在遇到类似情况时，要进一步强化思想认识；进一步加强督查检查；进一步加强值班制度，根据汛情需要及时加强值班力量；进一步谋划长远。

（七）生活垃圾处理场

据我调查了解，部分生活垃圾处理场每天接收的垃圾未经过分类，接收后也未经过处理，直接进行填埋，这就导致库存被大量快速消耗，同时产生大量渗滤液。

针对这个问题，我认为：一是可以从源头入手，即采取垃圾分类措施，例如可回收利用的垃圾直接进行回收处理，不进入垃圾处理场；二是可以针对特殊垃圾进行特殊处理，如厨余垃圾，可以建立堆肥场，将厨余垃圾进行堆肥处理，减少垃圾处理场渗滤液的产生；三是调整当前使用的生化系统，如投入耐毒性更好的菌种处理渗滤液。

洪　帆

汪清县设施农业发展总体状况与蔬菜的越冬生产现状分析

　　吉林省是农业大省，主要种植玉米、水稻、大豆等作物。2003 年，吉林省延边州汪清县被确定为国家发展和改革委员会的定点扶贫县。2020 年 4 月左右，汪清县脱贫摘帽退出贫困县。如今虽然已经摘帽，但设施农业的发展水平很低，在蔬菜生产淡季，常常依靠外地进菜。

　　汪清县位于吉林省延边州东北部，属于温带季风气候，春季干旱，夏季温暖多雨，秋季早期霜冻，冬季漫长且寒冷。以 2020 年为例，汪清县的夏季极端高温为 32 ℃，全年超过 30 ℃的天气不超过一周。而冬季却长期低温，2019 年 12 月最高温度为 2 ℃，最低温度为-26 ℃。2020 年 1 月最高温度为 2 ℃，最低温度为 -27 ℃。2020 年 2 月最高温度为 11 ℃，最低温度为-28 ℃。全年 12 个月中，长达 5 个月最低气温在-15 ℃以下。

　　因此，在冬季，当地蔬菜是否可以进行越冬生产是一件极其重要的事情。若能满足本地淡季的蔬菜需求，无疑可以提高蔬菜种植户收入，促进本地经济发展。

　　基于以上背景，我在汪清县进行为期 3 周（2020 年 8 月 23 日至 9 月 13 日）的调研，调研地点集中于汪清镇城关村、东光镇小汪清村、东兴村、五人班村以及县农业农村局。采访对象为村书记、农户以及农业局相关工作人员。采访问题主要是村内设施农业整体状况，越冬生产状况，以及农户对于设施改造的意愿等，以便了解问题所在，并提出解决建议。

一、调研情况

（一）调研地点概况

汪清县辖 3 个街道、8 个镇、1 个乡，分别为：大川街道、新民街道、长荣街道；汪清镇、大兴沟镇、天桥岭镇、罗子沟镇、百草沟镇、春阳镇、复兴镇、东光镇及鸡冠乡。全县设施农业占地 161 hm²，温室与大棚占地约 67 hm²，主要集中在东光镇、汪清镇、天桥岭镇与大兴沟镇。

其中，东光镇和汪清镇距离汪清县最近，生产的蔬菜主要销往汪清县各市场与超市。剩余品质不是特别好的会销往早市，这也是早市菜价较市场与超市便宜的原因。

东兴村与城关村之前为菜队，有很好的蔬菜生产基础，种植蔬菜的温室大棚较多；且离县城较近，生产的蔬菜会直接售往县内的中心市场与各大超市。基于以上原因，本次调研地点主要集中在东光镇的东兴村、小汪清村、五人班村以及汪清镇的城关村。

1. 东光镇园艺设施

东光镇的东兴村、五人班村、小汪清村是蔬菜种植村，共有 80 座温室大棚，其中现代化阳光板大棚有 29 座，绝大多数集中在小汪清村的绿然采摘园，属于外包状态，村民不进行种植管理，只收取租金，年租金 10 万元，用于小汪清村集体经济收入。绿然蔬菜种植合作社拥有 25 栋立体恒温大棚，占地 2 hm²，年可生产采摘草莓 50 t、有机蔬菜 30 t。采用"盆栽蔬菜"技术，可实现周年生产。

东兴村菜地共 15 hm²，其中温室大棚占地 3~4 hm²，在这 3~4 hm² 的温室大棚中，除了村里集体经营的 2 栋 800 m² 与 2 栋 900 m² 的温室之外，剩余的全部由村民个人经营。蔬菜种植户基本上每户都有一间 1 000 m² 左右的大棚，或者是地。但只有集体经营的温室可以进行蔬菜的越冬生产，村民个人经营的大棚无法进行越冬生产，只是在早春和深秋时延长蔬菜生产期。

根据走访调查，可以将东兴村的园艺设施分为 3 类：第一类是塑料大棚，也称冷棚，完全无法进行蔬菜的越冬生产，能做到的只有在 11 月中旬至翌年 2 月初各延长蔬菜生产期 10 d 左右；第二类为不标准的日光温室，单坡结构，一面砖墙，保温被残破或者根本没有保温被，无防寒沟，棚膜为塑料布。在室内取暖的条件下可以进行越冬生产，但因烧锅炉取暖过于耗费人力物力，一晚上需要起来几次烧火，折腾一冬投入产出却不成正比，故农户放弃了这种温室的越冬生产，以致此种设施在冬季同塑料大棚一样，不进行越冬生产，而处于闲置状态；第三类为建设较好的日光温室，在-30 ℃的严寒天气，可以达到室内最低温度5 ℃，可以在冬季生产小白菜、山野菜等叶菜。

五人班村共有4栋温室大棚，占地约4 000 m²，无可以进行越冬生产的日光温室。

2. 汪清镇设施

汪清镇蔬菜大棚种植面积10.5亩，其中叶菜类占3亩，果菜类占7.5亩。早春上市时日均可供应叶菜类150 kg。城关村的温室大棚建设情况与东光镇东兴村相似，村民个人经营的温室无法进行蔬菜越冬生产，在每年的11月中旬至翌年2月或3月属于闲置状态。

（二）调研方法

调研方法主要为现场走访与人物访谈。

走访地点为东光镇的东兴村、小汪清村、五人班村以及汪清镇的城关村。

对东兴村村支部书记、汪清县农业农村局相关工作人员进行访谈。

（三）调研结果

一是依照目前走访的情况来看，汪清县不缺乏温室的"带头产业"，如走访的绿然采摘园可以进行周年的蔬果生产，但这不属于村民的经营范围，村民不介入种植，只收取租金。东兴村内集体经营的日光温室，还有县郊的各类采摘园区都是如此。

二是设施水平分化严重，一方面，由村民主要经营的温室与大棚无法进行越冬生产，以致在11月至翌年2月部分温室会处于闲置状态，或者直接废弃；另一方面，塑料大棚的坚固性不够。台风与强降雨天气下，许多塑料大棚被摧毁，作物产量锐减，造成种植户收入降低。

三是汪清县冬季气温低，约在-20 ℃，极端低温可达-30 ℃。在周边村落的设施中，可进行越冬生产的温室占小部分，故在生产淡季，县内部分蔬菜由外地供应，不由本地生产。若在冬季可以进行本地的越冬生产，可以大大提高农民收益。

四是汪清县蔬菜生产销路广。以东兴村为例，除各超市、市场之外，东兴村还注册了电商平台，利用互联网进行蔬菜售卖，拓宽蔬菜销路。"旺兴助农小菜园"也是东兴村的一项惠农政策,在春季鼓励贫困户进行蔬菜生产,之后由村干部帮忙,通过微信等平台直接销售。

五是走访中发现,部分农户不了解相应的政策补贴。由村民自营的温室大棚为农户自建,不符合相应的补贴标准或不满足申报程序。农户的意愿也反映,若是政府扶助进行温室大棚的建设,或者有低成本改建措施可以进行温室大棚改建以提高收入。

二、问题与对策

(一)日光温室结构优化

1. 墙体保温优化设计

致力于提高墙体的保温和蓄热能力。

红砖的热阻大,保温蓄热能力强,故采用红砖为墙体的主体材料,中间填充苯板作为隔热材料。具体做法:240 红砖+120 苯板+240 红砖,墙厚 600 mm,热阻可达 4.262(m² · ℃)/W,相较于原来的单层砖墙有更好的保温蓄热能力。

2. 迎光面保温优化设计

日光温室前坡面的面积为整个围护结构面总面积的 0.6 倍左右,同时前坡面约占到总散热量的 60%以上,前坡面散热量减少很关键,在夜间要求有效阻止棚内热量散失,所以要加盖保温被。

(1)棚膜 考虑采用 EVA 树脂膜,具有透光性好、保温性好、耐老化等优点。其透光、保温、流滴、耐老化、耐候等性能均比 PE 膜和 PVC 双防膜优良,其优点是保暖性能好,夜间散热少。特别适用于寒冷地区,用 EVA 做棚膜,农作物收成比用其他农膜高 10%以上,而且不易老化,可以连续使用 3 年,老化后也不变形,便于回收,大大减少了农田的污染。

(2)保温被 考虑选用泡聚乙烯材料保温被。这是一种新型材料,可防水,也可以提升大棚保温性能。它的特点是自重比较轻,不容易受潮,在卷起放下的过程中比较节省劳动力,对于卷帘机在功率方面的要求不是很高,也比较省电。但也因为自重比较轻,所以要搭配压被线才能防止在刮风的时候,保温被不被掀起。

3. 背光面保温优化设计

采用新型的后坡结构,代替传统工艺,用水泥板和椽做受力构件,在上面铺 120 mm 厚苯板,水泥砂浆找平。在经济条件允许的情况下可以在上面加一道改性沥青防水层。后坡建长，不宜超过大棚跨度的 1/3。

4. 增设防寒沟

为了减少温室在地面方向的传热，大棚的四周应该设置防寒沟。

（二）针对不了解政府政策的问题——普及政府政策

1. 了解政府态度

大力推进设施园艺产业发展，主要支持设施园艺规模园区建设；支持闲置棚室恢复生产；支持仓储保鲜冷链物流设施建设；落实设施园艺农机具补贴政策；保障设施园艺发展用地；创新设施园艺产业金融服务；加大技术指导服务。

2. 了解标准温室、大棚、标准简易棚的补贴金额

每亩标准温室补助 10 000 元、大棚 4 000 元、标准简易棚 1 000 元。

3. 了解补贴申报程序

建设主体在本村登记，由村委会报本地乡镇政府、由乡镇政府报本地县级主管部门，棚室建设完工后，需经检查验收后上报省级主管部门核算补贴资金。

4. 政策推广

村委会进行宣讲宣传；利用公众号进行宣传，如"吉林汪清新闻在线"等。

（三）针对现有塑料大棚结构稳定性低的问题——加固方案，补救措施

1. 塑料大棚的加固方案

增建立柱；增加地锚坠石。

2. 强降雨天气后棚内排水，汛情补救措施

受水灾地块及时排水；及时进行中耕松土和培土；增施速效氮肥；促进早熟；清理叶片上淤泥；加强病虫害防治。

三、致谢

此次调研过程中，我最受感动的就是采访对象的配合及理解，他们都很愿意提供帮助，告知我想要的信息。这使我的调研过程比想象中顺利很多。

感谢老师们对整个调研过程的指导，包括每日汇报时提出的建议，以及每次汇报指出的问题，也感谢帮助到我的村书记们、种植户们，还有农业农村局的相关工作人员。

路漫漫其修远兮，求索之路永无尽头。

参考文献

杨钢，李启成，李雅明，等，2009. 乙烯-乙酸乙烯酯共聚物（EVA）的性能及应用 [J]. 胶体与聚合物，27（3）：45-46.

张朝，2018. 东北地区农村蔬菜大棚保温技术研究 [D]. 长春：长春工程学院.

康文昕

甘肃省武威市古浪县黄花滩乡扶贫搬迁项目调研

古浪县黄花滩乡生态移民区是针对古浪县南部山区自然条件恶劣，生产生活条件艰苦，"一方水土养不起一方人"的实际，根据中央"五个一批"、省委精准脱贫和市委对易地扶贫搬迁的总体要求，依托国家易地扶贫搬迁项目，争取实施的生态移民易地扶贫搬迁工程。自2012年以来，先后建成12个移民新村和绿洲生态移民小城镇，同步配套了水、电、路等基础设施和学校、幼儿园、卫生室、文化广场、村级综合服务中心等公共服务设施，搬迁15 351户62 412人，实现横梁、干城、新堡3个乡镇整乡搬迁，南部山区生活在自然条件恶劣、缺乏基本生存条件、有搬迁意愿的群众应搬尽搬。

一、黄花滩产业发展现状调研

（一）调研地点概况

1. 八步沙林场

八步沙林场地处河西走廊东端、腾格里沙漠南缘的甘肃省武威市古浪县，20世纪80年代，这里曾是当地最大的风沙口。

1981年，古浪县土门镇台子村村民郭朝明、贺发林、石满、罗元奎、程海、张润元不甘心世代生活的家园被黄沙威逼，义无反顾挺进八步沙，带头以联户承包的方式发起和组建了八步沙集体林场，承包治理7.5万亩流沙。

39年来，从一道沟到十二道沟，以"六老汉"为代表的八步沙林场三代职工治沙造林 21.7 万亩，管护封沙育林草面积 37.6 万亩，栽植各类沙生植物 3 040 多万株。第一代治沙人"一棵树、一把草，压住沙子防风掏"，第二代治沙人创新应用"网格状双眉式"沙障结构，实行造林管护网格化管理，第三代治沙人全面尝试"打草方格、细水滴灌、地膜覆盖"等新技术，八步沙林场始终坚持因地制宜、运用科学方法支撑绿色成长，传承与创新并重、环境与效益兼得。如今的八步沙林场，花棒、柠条、沙枣、白榆等沙生植物"编"成了 7.5 万亩"缓冲带"，将古浪县与腾格里沙漠相隔。

2019 年 5 月，八步沙林场荣获关注森林活动 20 周年突出贡献单位。

2019 年 9 月 20 日，八步沙林场荣获全国绿化委员会全国绿化模范单位称号。

2019 年 11 月 13 日，被生态环境部命名为第三批"绿水青山就是金山银山"实践创新基地。

八步沙林场六老汉的英雄事迹早已家喻户晓，新时代需要更多像六老汉这样的当代愚公、时代楷模。要弘扬六老汉困难面前不低头、敢把沙漠变绿洲的奋斗精神，激励人们投身生态文明建设，持续用力，久久为功，为建设美丽中国而奋斗。

2. 现代丝路寒旱农业产业园

现代丝路寒旱农业产业园的温室标准高于移民区散户种植的日光温室，墙体为砖墙砌成，中间填土进行保温作用，塑料膜由钢架支撑，配备自动卷帘机，内有温湿度检测设备，装有喷雾加湿设备，配备水肥一体化施肥机，灌溉方式为滴灌。

该农业产业园占地 4 534 亩，新建高标准日光温室 1 000 座，配套建设农产品交易市场、冷链物流、培训中心、育苗基地，引进台商协会、陕西奇瑞公司种植精细果蔬和食用菌，栽培花卉，陆地养殖海鲜，产品可销往我国粤港澳大湾区及中亚哈萨克斯坦等国家。

项目总投资 5.5 亿元，其中国家开发银行贷款 4.4 亿元，县级配套资金 1.1 亿元，投资回收期 15 年。项目 2 月开工建设，10 月底建成。

项目有效利用荒漠沙地，发展现代设施农业，加快品种引进、技术推广、资源开发、品牌打造，将引领现代农业高效发展，带动移民区 5 000 多户贫困群众提高种养技术，拓宽致富渠道。可长期提供 1 000 多个就业岗位，人均年收入达到 3 万元以上。

3. 甘肃陇沁现代农牧产业有限公司

甘肃陇沁现代农牧产业有限公司，位于甘肃省武威市古浪县直滩乡，该公司经营范围包括畜禽养殖、销售；高效农作物种植；农畜产品初加工及购销；引进农畜相关新技术、新品种，开展技术培训、技术交流和咨询服务。

我参观了该公司的羊场，共有 40 m×20 m 的养殖棚 21 座，培育有育肥羊、育种羊，视市场形势而改变培育模式。场内还引进了 ZWJ-12 型 TMR 饲料搅拌机、喂料机等新型设备，不断提升该场的设施养殖科技含量及养殖效率。

（二）调研方法

1. 网络调研

通过网络连线调研当地农户的生活环境、种植养殖情况等。我连线了由南部干城乡大滩村移民搬迁至黄花滩移民区兴民新村的表姑妈一家，她们的家庭基本组成情况是家中平常居住的劳力两名，供应一名大学生，还有一名现役军人。

她们从山区搬迁至移民区之后的住宅是 90 m²，加上庭院总占地面积约为 200 m²，在政策的扶持下住上这房子只花了 1.2 万元。

我重点了解了她们的种植和养殖情况。

种植情况：搬迁之前自己栽种 10 亩地，主要种植小麦、大豆、马铃薯等粮食作物，每年种植 1 茬，每亩地年收入约为 1 000 元，年种植总收入约为 1 万元；搬迁后的主要种植方式为种植大棚，大棚面积为 1 200 m²（约 1.8 亩），棚内主要作物为番茄、辣椒、茄子等蔬菜，每年种植 2 茬，每茬蔬菜可收入约 7 000 元，年总收入约 1.4 万元。

养殖情况：搬迁前在山区散养 20 头牛，50 只羊；每年可卖出 15 头小牛，每头净收入约 4 000 元；每年卖出 40 只羊，每只净收入约 300 元；养殖总收入 7.2 万元；搬迁后有 1 栋养殖大棚，面积 800 m²，共养殖 50 头牛，每年可卖出 30 头，每头收入 5 000 元，总收入 15 万元。

2. 实地走访

实地走访的一户人家的种植和养殖情况如下。

种植情况：搬迁之前自己栽种 20 亩地，主要种植小麦、大豆、马铃薯等粮食作物，每年种植 1 茬，年种植总收入约为 9 000 元；搬迁后的主要种植方式为大棚，大棚面积为 1 200 m²（约 1.8 亩），棚内主要作物为番茄等蔬菜，大棚内每年种植 2 茬，年总收入约 1.5 万元。

养殖情况：搬迁前在山区散养 20 只羊，养殖总收入 1.4 万元；搬迁后有 1 栋养殖大棚，面积 800 m²，共养殖 30 只羊，总收入 3 万元。

综上，可以看出，易地搬迁居民从山区搬迁至移民区之后，在政策扶持之下，有了种植、养殖大棚，居民们的收入几乎翻了一番，成功脱贫。

除走访农户家之外，我还在黄花滩生态移民区参观了散户的日光温室和养殖大棚，贫困户们分到的日光温室占地面积 60 m×20 m，墙体为土墙，没有其他环境调控设备，种植、灌溉及收获均靠人工进行，主要种植作物有番茄、辣椒等。

养殖大棚规模为 40 m×20 m，每家自行经营一个养殖大棚，大多数人家养殖约 30 头牛羊，养殖棚中间为人和喂料车通行走道，两侧为圈栏。

我认为当地设施农业主要存在的问题有：由于经济条件的限制，设备较简单；农民设施种植、养殖经验不足，种植、养殖效率较低；设施农业处于起步阶段，管理模式有待改善。

二、问题与对策

（一）自然环境方面

1. 水资源严重匮乏

目前，黄花滩移民区搬迁移民达到 6.24 万人以上，需发展农业产业用地 11 万亩，按规划设计灌溉定额测算，共需灌溉用水 4 500 万 m³，现已建成调蓄水池及沉砂池 50 座，总容积 278.4 万 m³。根据《古浪县黄花滩引黄灌区 2019 年水资源配置方案》，2019 年计划配水 2 332 万 m³，因耕地沙化严重，漏水漏肥现象严重，用水需求较大，调蓄水池储水量远不足以用水供给，水资源相对匮乏，是制约移民区农业产业发展的主要因素之一。

2. 土壤耕地地力差

移民区土壤类型主要有半固定风沙土、固定风沙土和耕种风沙土，约占总面积的 89%。此类土壤多为砂壤或绵砂，壤土少，颗粒间孔隙大，毛管作用微弱，下层有砂砾障碍层，土壤熟化程度低，保水保肥性能差。土壤含盐量高，碱性大，而有机质、氮磷钾含量低，微生物数量少，土壤生态脆弱，土壤质地熟化程度低。同时，因耕层以下的中壤土和重壤土质地保水保肥能力较差，供给农作物所需的水分和养料能力较弱，极不利于农作物的生长，需采取合理的土壤改良措施来提升地力。

3. 有机肥料稀缺

移民区群众属新搬迁户，大部分新垦地尚未种植，秸秆资源极少，加之新开垦土壤肥力不均，土壤熟化程度低，未形成可种植农作物的土壤耕作层，养殖业刚刚起步，以畜禽粪便为主的有机物料稀缺，农户积造农家肥数量有限，而商品有机肥价格较高，土壤改良难度较大。在化肥使用上不够合理，施肥时撒施和浅施较普遍，造成了肥料的浪费，肥料利用率很低。

4. 农民投入能力不足

移民区群众原居住地基本属于高海拔山区，从事旱作农业多年，习惯于粗放、散漫、靠天吃饭等种植方式。搬迁至移民区后，对有机物料还田、种植绿肥等土壤改良技术掌握不够。同时，近年来农产品价格偏低，农业经营收入不高，家庭收入以外出打工为主，农户对劳动资料（有机肥、农机具、地膜等）投入积极性不高，投入能力严重不足。

（二）产业发展方面

当地产业发展处于起步阶段，自动化、机械化深度发展的空间还很大，后续可以适当引进农业机械，辅助当地农民进行高效率的设施种植和养殖。

当地已经成规模的产业如现代丝路寒旱产业及陇沁牧场等，应当起好带头作用，在积极发展的基础上带动当地的散户种植和养殖，带领当地居民走向共同富裕。

三、思考

通过此次专业综合实践，经过对黄花滩生态移民区及其周围环境的参观和走访，我获益匪浅。

通过走访调研黄花滩生态移民区，对于易地扶贫搬迁项目我有了非常直接的、生动的了解，易地扶贫搬迁工程是国家和政府为人民谋幸福的一项举措，将生活在缺乏生存条件地区的贫困人口搬迁安置到其他地区，并通过改善安置区的生产生活条件、调整经济结构和拓展增收渠道，帮助搬迁人口逐步脱贫致富。

在这个过程中，生态环境的建设具有十分重要的作用，八步沙治沙工程使原本的戈壁滩变成绿洲，山区贫困群众搬迁之后能够有良好的居住环境，山区居民的成功搬迁也使山区生态环境得到改善。正如习近平总书记所说"绿水青山就是金山银山",只有拥有良好的生态环境,人们才能更好地生活和生产。

习近平总书记对黄花滩生态移民区的考察,充分体现了国家对扶贫搬迁的重视和大力支持,也让我意识到中国农村的建设和完善还有很大的发展空间,作为当代农科学子,我应当充分应用自己所学的知识,为建设新农村、发展新农业贡献出自己的力量。应当利用农业大学农建专业的优势,积极提供意见并帮助发展新农村、新农业,将自己学到的知识和技术回馈家乡,建设家乡。

此次调研我也认识到,我目前所学知识还远远不够,在以后的学习过程中,我将在学好理论知识的同时,多实践,多走多看,将实际和理论相结合,为将来走上工作岗位,乃至在工作岗位上做出骄人的成绩奠定坚实的基础。

达瓦次仁

西藏那曲地区嘉黎县
静默村扶贫政策

西藏那曲地区嘉黎县静默村海拔 4 600 m，当地的牧民以牧业为主。当地有充分的自然资源如当归、藏红花、冬虫夏草等，但当地牧民不会利用当地的自然资源，不知道通过什么方式来获取并维持经济收入，他们的生活水平很低，夏天几乎吃不到新鲜的蔬菜，由于路途艰难，当地蔬菜供应是个很大的问题。当地主要的食物有糌粑、野菜、酸奶等。

一、调研情况

针对西藏那曲地区嘉黎县静默村现状，嘉黎县政府帮助解决村民的经济收入问题，跟县里的电子商务扶贫中心合作，收购牧民的药草，帮助牧民寻找收购药草的渠道；在当地建设牧家乐，接待来来往往的客人；在当地建设日光温室，通过日光温室解决当地夏季的蔬菜问题。当地日光温室主要种的蔬菜有：青椒、白菜、马铃薯、黄瓜、萝卜、番茄、香菜。通过河南统计工程路段解决了当地交通问题，县政府通过联系当地村书记，提供经费，翻修村里有漏水、裂缝等问题的房子，2017 年当地唯一的木桥被洪水冲走了，阻断了当地牧民与外界的联系，县政府资助 10 万元，给当地修建水泥桥。建立了沙场，将当地的沙场租给工程部，一年 10 万元的租金，工程部租了 3 年。通过县政府的努力和当地牧民的积极配合，牧民的生活有了翻天覆地的变化，在此次调研期间我也给当地牧民提了一些建议，也在一定程度上有助于提高当地牧民的生活水平。

1. 调研地点概况

西藏那曲地区嘉黎县位于西藏东部，地处那曲地区东南部，平均海拔4 600 m 左右。

2. 调研方法

实地考察，走访当地牧民家庭，向村书记了解情况。

3. 调研结果

将当地的现状与过去对比，发现当地有了翻天覆地的变化，过去当地的交通工具主要是马和牦牛，牧民们搬家都要靠牦牛来搬运。过去的路都是土路，到处都是坑坑洼洼，现在都变成了水泥路，交通工具从牦牛转变为现在的汽车、摩托车，每家每户都有了汽车、摩托车。利用日光温室种植蔬菜自给自足，并且把蔬菜卖到当地驻扎的河南统计工程路段里，通过牧家乐和日光温室赚的钱每年都会统一发放给牧民。

二、问题与对策

经过几天的观察和现场走访，我发现在县城里建立了不少牧民合作社，专门卖农牧产品，如牛奶、酸奶、奶渣等奶制品，县城里收购虫草的买家将从牧民家按斤称重买来的虫草、贝母等药草，包装在包装盒里，分成大、中、小 3 个等级，每个包装盒里装 50 根虫草，用不同的价格利用在内地的亲朋好友卖到内地去。我把这些方法都告诉了当地的牧民，我认为，第一能提高牧民的经济收入，第二能够给其他村起到一个榜样的作用。我还跟村书记讨论解决当地年轻牧民的就业问题，我建议当地年轻的小伙子到工地去打工，当时西藏那曲地区嘉黎县由于高海拔等原因工地缺人手，工地里招募临时工一天 200 元的待遇。2020 年西藏自治区为了解决就业问题，实施地摊经济，我推荐当地人到县城里摆地摊卖当地的特色产品等。

三、致谢

感谢学校提供了这么一个平台让我有机会去了解西藏的发展，让我从更深层次地了解到牧民的生活，从小一直上学也没有考虑过西藏扶贫、发展方面的问题，经过这次调研我有了一定的认识，并且通过这次调研我也想将来为自己的家乡贡献一份力量。

张志远

盘锦市前胡村设施
农业发展情况调查

我的家乡辽宁省盘锦市，位于松辽平原南部，辽河三角洲中心地带，全区多数地块盐碱，多年来农业生产以种植水稻为主。进入 20 世纪 70 年代末期，开始发展设施农业，至今已有 40 年的历史。

我试图调查了解盘锦市设施农业的发展状况，并对发展中存在的相关问题进行探究，找到解决方法，以期从农业角度对盘锦市的产业转型提供思路。

一、盘锦市前胡村设施农业发展现状

（一）调研地点概况

这次实践我主要调查了盘锦市兴隆台区兴盛街道前胡村的温室发展情况。

前胡村下辖前胡、后胡、苏家和冷家 4 个组，共有 2 000 余名常住人口。前胡有耕地 2 000 余亩，后胡有耕地 3 000 余亩。苏家和冷家由于工业占用现在基本没有耕地了。现在村里只有一处温室区，位于前胡村前胡组。温室区从南到北排成一列，共有 22 户人家，他们都是 1993 年响应政府号召，在那里安家落户从事种植业的。如今其中有 4 户外出打工，大棚处于闲置状态。

（二）调研方法

通过现场走访和人物访谈，了解当地设施栽培的蔬菜类别、种植工艺和温室建筑等情况，同时对农户的生产需求进行调查。

（三）调研结果

1. 温室建筑基本情况

日光温室由后墙、东西山墙、后坡、采光面、缓冲间、保温被、通风口和田面8个部分组成。大棚大概有 600 m²（近1亩），温室由钢筋骨架支撑，外覆塑料布（图1）。冬天会用电机放保温被来保温。温室经营情况见表1。

表1　温室情况汇总

经营范围	数量（共计22家）	外包情况	收入
菜棚	9家（两个棚） 7家（一个棚）	1家外包 2家外包	4万~5万元 3万~4万元
鸡舍	1家（正常经营）	无	7万~8万元
鸭舍	1家	外包	—
其他	4家（未经营）	无	—

图1　温室实景

2. 种植工艺和销售渠道

每户基本上每年种的菜都是固定的，一年种3批菜。番茄7—8月开始种植，第一年10月左右栽苗。3月开始卖，持续到第二年5月左右。番茄罢棚之后栽黄瓜到7—8月，之后种白菜到10月。

农户一般去市场售卖种植的蔬菜，剩余的蔬菜自己食用或喂养家里的鸡鸭和猪，或者作为燃料，农户一般年收入在 4 万~5 万元。

3. 农户的生产需求

（1）对种植技术的需求 之前这片地区一直没有人管，2019 年政府组织过十几户人家到白家村参观，那里的温室建设得比较好，高度 5 m 多，跨度 10 m 左右，长 100 m 左右。一个棚一年收益 7 万多元，开关风口是智能控制的，并且有技术员进行指导。参观完又回到没有人管的状态，实际上农户对于生产资料、生产技术、销售信息和渠道等服务是有需求的。

（2）对销售渠道的需求 每户人家自己联系收购商或是到市场上售卖。销售渠道并不稳定，大部分农户希望政府统一协调种植品种，介绍收购商。

二、问题与对策

（一）存在的问题

在这次调研中，结合分析了一些论文，我提炼出了 3 个问题。

1. 缺乏合理的机制体制

当地的经营模式更多的是每户单干。新冠肺炎疫情期间，市场的限时开放造成了大量农户销售困难，但有的农户家里有懂得线上销售的人，就能尽可能多地挽回损失，但这样的还是少数，其他农户虽然了解到了这个方法，但实际操作起来面临很多问题，如一般人买菜不会买太多，有时运输成本甚至超过卖菜得到的利润。但如何让农民们自愿投入到设施农业的建设中，如主动学习先进技术，主动与政府及相关部门寻求帮助的意识还不够强，还有许多值得完善的地方。

2. 技术应用水平较低，信息不灵

大部分农户对于网络是比较生疏的，如何让他们意识到网络很重要以及怎么对他们进行培训也是问题。在种植技术上，无论设施本身还是栽培管理，大多还以传统经验为主，缺乏量化指标和成套技术，特别是设施农业标准化程度低，不符合农业现代化的要求。

3. 农村劳动力素质下降

现在这 22 户人家中只有两户是由年轻人接手的。这显示出随着农村工业化和新型城镇化的快速推进，农村劳动力转移步伐加快，出现了农民组织化程度不高，高素质人才流失严重的问题。

（二）对策

结合农户的需求，以及未来这里可能长时间继续持续现在状态的情况，我认为成立农业合作社会使这里发展得更好。

1. 解决思路

一是先将个体户组织起来，建议他们成立农业合作社，个体农户走出了孤立封闭的生产运营圈子，单个农场摆脱了农资需求与产品销售方面的压力，加入"大农业"运行轨道。

二是发挥农户主观能动性，通过村委会与相关部门沟通，争取更多帮助。

三是分区种植，选优质品种，打造品牌。按照市场需求，以大米和河蟹为主打产品，对其实行统一包装、统一标识、统一标准，大力提升品牌效应，进入高端市场，进一步增强盘锦设施农产品的市场竞争力，扩大在市场上的影响力。使这片土地更有活力，吸引更多人才加盟。

四是销售端通过政府找大公司达成合作意向，扩大产品销售渠道；搭建电商平台，产品销往全国各地。

2. 组织架构

成立农村合作社条件为：农民专业合作社应当有 5 名以上的成员，其中农民应当占成员总数的 80%。在我的调查中这些基本条件可以满足。图 2 为我参考其他案例设计的合作社组织架构。

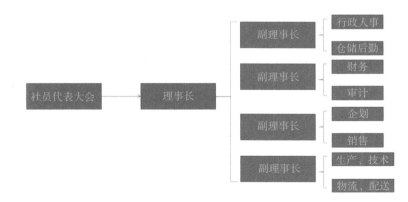

图 2　合作社组织架构

参考文献

韩松，2019. 论农业合作社存在的问题和发展方向［J］. 农民致富之友
（7）：1.

蒋雨东，2020. 小农户+合作社：小农户与现代农业有机衔接模式的认识与
实践［J］. 安徽农业科学，48（13）：3.

佚名，2019. 鼎峰农产品种植专业合作社联合社助推农业规模发展［J］. 中
国农民合作社（1）：1.

章康龙，2013. 高职院校培养"本土化、高端性、创业型"新型职业农民的
探索与实践［J］. 中国农业信息（6S）：4.

刘青姗

北京市北务镇道口村
日光温室草莓种植方式调研

村庄总体规划和建设规划是近年来新农村建设的重点之一，内容主要包括村域产业空间布局、村庄用地功能布局和道路交通、村落空间和景观设计、农宅设计和节能改造、村庄基础设施等。北京市北务镇道口村于2007年被确定为整体推进型村庄，本文基于对此村的调研，通过多角度对村干部、农户、村民等人群的结构及非结构式访问，总结出村基本情况、种植业情况、存在问题，并有针对性地提出相应的对策及建议。

一、道口村基本情况

（一）道口村基本信息

北京市北务镇道口村于2007年被确定为整体推进型村庄，村庄规划主要以村民为主体的小规模整治和有机更新，改善农村基本的生存条件和公共品供应。"有机更新"理论是吴良镛院士在20世纪80年代后期结合北京实际情况提出的旧城渐进式改造理论。有机更新理论包括物质环境和经济社会结构两方面，即以新陈代谢的原则看待城市的更新，区别对待不同的物质环境[1]。道口村是典型的平原农业村，以农户院落为单元，地处北务镇最北端，东至仓上村，南至王各庄村，西至木燕路，北至杨镇界。

（二）存在问题

1. 劳动力总数

道口村劳动力总数从2019年的421人降至2020年的327人，下降22%。经访问村会计，得知村民的年龄结构：老年人占比 47%，继实施二孩政策后，婴幼儿增多，占比 14%。随着村民年龄增长，村民不愿务农，选择外出工作，余留的土地多数需要流转。

2. 苗木种植

本村平均流转价格从起初的 500 元，每年递增 15 元至 2030 年，村集体将承包的土地转承包给个人，多数承包商用来种植苗木，而非农作物，因为苗木收益更高，工作较简单，生产周期长。

3. 机械化程度

村民少数个人拥有收割机、播种机等，此区域无农机补贴，但村民可置换机械，或在原价基础上有优惠政策，但村民仍表示不愿投这笔资金，因为农业成本不低，收入却不高，所以多数为人工操作而不是需要投资的机械化。但由于人工费同样花费不少，实际上治标不治本。

4. 卫生习惯

厨房环境差，未设洗手池、油烟机，不勤洗厨具、蔬菜，影响身心健康。

5. 生活意识

村民对之前的生活习惯习以为常，并且看不惯讲究的做法。意识不改变，生活质量也得不到提高。

（三）初步提议

针对劳动力总数：改善工作环境，提高种植技术以增加收益，培养下一代对农业的兴趣。增加农村娱乐设施，吸引年轻人回流。

针对苗木种植：改善工作环境，提高种植技术以增加收益。

针对机械化程度：提高种植技术，加大农机优惠，吸引农民购买。

针对卫生习惯：细化乡村建设，增加补贴修缮房屋，完善设施。

针对生活意识：宣传生活小习惯。改变村民的生活习惯，提高生活质量。

二、北京市北务镇道口村日光温室草莓种植方式

（一）种植业基本情况

1. 基本信息

本村以大棚种植蔬菜为主，无连栋温室，温室大棚与日光温室设施均偏简陋。

2. 存在问题

两种棚内设施较原始，环境参数基本都不能实现可控，导致作物产量不高，且农业废弃物不能得到正确利用。作物运输尚存在问题，多半为菜贩子来收买，运输目的地不定，多为超市等地。且外观、品质均不吸引消费者，不如批量生产的竞争力强。

3. 初步提议

提高种植技术，为农户做好技术培训，提高作物产量；作物贩卖当规范化；建造废弃物处理设施，实现废物变宝物，减少能源消耗，保护环境。

(二) 日光温室

1. 种植规模

园内共有 14 个棚，单个棚占地 1 亩。温室尺寸：高 5 m，开间 12 m，长 60 m，墙厚 60 cm。每个棚栽植 7 400 棵苗，共约 12 万棵苗。

2. 年产量

草莓品种为红颜，存活率为 80%~90%，亩产量为 2 000 kg，冬季最低温度为 4~5 ℃。草莓苗在运输过程及运回后均需冷藏，草莓在生育停止期具有较强的耐低温能力，在植株生长停止时，草莓花芽在 3 ℃以下停止活动，-2 ℃以下才会受冻，而茎、叶可耐-8 ℃的低温，因此，将草莓处于生育停止的植株置于-2~3 ℃的低温条件下较长时间进行冷藏，花芽也不会枯死。草莓冷藏抑制栽培就是利用了草莓在生育停止期较强的耐低温能力，把已经充分形成花芽的草莓植株，在土壤解冻后开始生长以前，从育苗圃中挖出，放入低温冷库中进行长期冷藏，强迫植株进入休眠状态，抑制植株生长和开花，当需要栽植时，将秧苗从冷库中取出，再种植到田间使其开花结果，以达到人为调节草莓果实成熟期的目的。

植株入库冷藏时期及处理。用于冷藏的草莓苗，需要在专用苗圃中进行培育，并于 8 月下旬进行假植，以保证秧苗生长健壮，花芽充分分化。作为冷藏秧苗从繁殖圃中起苗入库时期，对冷藏效果以及栽植后生长结果都有重要影响。起苗时一定要保证在草莓休眠期内进行，研究结果表明，从 12 月下旬至翌年 2 月中旬起苗入库，产量均比较高，生产上为了降低成本，一般在土壤解冻时入库。北方地区一般在 2 月上中旬至 3 月上中旬，南方地区一般在 11 月下旬至翌年 2

月中旬。因为处于休眠期的植株呼吸作用小，对温度变化反应弱，抗低温能力强，较适于冷藏。起苗过晚，花芽发育程度深，花药和胚珠已经形成，入库后容易遭受冻害；起苗过早，入库早，秧苗消耗大，出库定植后到采收的时间长。目前生产中一般在春季土壤解冻时，草莓的自然休眠已经结束后起苗入库冷藏。

3. 种植方式

此农户以南北向种植草莓，采用双行密植，每垄种植 127 棵共 59 垄，起垄垄高 30~40 cm，垄宽 40~60 cm，下宽 60~80 cm，垄距 80~100 cm。起垄前注意做好驱虫工作，栽苗完打生根剂，提高存活率，前期注意灌溉，覆膜防止烂果。

农户表示不愿做东西向种植，不敢轻易换种植方式。温室为正南向建造，他们担心东西向种植会影响北边植株的受光，从而导致减产。增加补光设施会提高成本，但他们表示不愿意添加任何多余的设施，因为大棚和使用的土地均为租赁获得，他们的主要目的是种植草莓获得收益，并不愿意在棚身上进行改善。关于大棚的补贴，最终受益者为棚主，他们并不是第一受益人。

4. 存在问题

起垄机：起垄高度不能满足要求，还需要人工帮助二次成型，且人工费为 14 元/垄，导致成本上涨。

大棚补贴：大棚的补贴，最终受益者为棚主，农户不愿意改变惯有的种植方式，尤其对棚身不愿产生多余的花费，这样导致思维禁锢，影响日光温室的发展。

人工费成本：起垄人工费为 14 元/垄，插苗人工费为 0.7 元/棵，主要是缺少机械作业，棚内工作太多，导致人员需求较大，且这笔花销随时间的变化而改变。

5. 初步提议

针对起垄机：设计新型机械，改善沟深问题；改变种植方向，更方便机械操作，增加种植数目，提高作物产量。

针对大棚补贴：希望能出台新政策，为种植农户谋求福利，更多针对于种植者，而非大棚或机械拥有者。

针对人工费成本：由村委会组织培训会，推广新技术，以减少人工劳作，可少收费或不收费，以鼓励农户的参与积极性。农民主要注重产量，他们改变了技术就希望看到效果，且不希望成本回利过慢。

三、问题与对策

（一）问题聚焦

综合上述问题，最终将问题聚焦于日光温室草莓的种植方式，提出的新方案与旧方案对比如下。

1. 种植规模差异

原种植方式：以南北向种植草莓，采用双行密植，每垄种植 127 棵共 59 垄，起垄垄高 30~40 cm，垄宽 40~60 cm，下宽 60~80 cm，垄距 80~100 cm。

新种植方式：采用东西向起高垄，东西向每垄种植 12 垄，每垄 625 棵，单向种植，起垄垄高 35~40 cm，垄沟宽 25~28 cm，垄面宽 40cm，垄距 80~100 cm[2]。

2. 植株受光差异

原种植方式：一面朝阳一面朝阴，受光不均匀，影响两侧产量。

新种植方式：东西向单向种植，草莓苗全部朝阳，受光均匀，有利于机械采摘[3]。

3. 效率差异

原种植方式：农作时来回移动位置，费时费力，不方便机械作业。

新种植方式：方便机械作业，减少了人工投入，降低了作业成本，提高了作业效率。

4. 起垄机差异

原种植方式：起垄机试验结果为垄面上底边宽度的平均值为 42.9 cm；垄面下底边宽度的平均值为 62.8 cm；垄高平均值为 22.3 cm[4]。

新种植方式：开沟深度为 23.08 cm，起垄高度 35 cm，垄顶宽平均值为 37.052 cm，垄底部宽度为 70 cm[5]。

（二）东西向种植模式成功案例

2019 年北京市农业机械试验鉴定推广站一直致力于攻克日光温室草莓种植的机械化起垄技术，近几年经过多方共同努力，终于研发出一款适合日光温室草莓种植的专用起垄机，并在 8 月 23 日于昌平区召开的日光温室草莓种植机械化技术培训会上进行演示与操作培训[6]。该站研发的草莓起垄机经过测试，可免于人工二次起垄，其作业质量能够满足相关指标要求，起的土垄"垄侧实、垄顶虚"，作业效率也较人工有了较大提高。"以 50 m×8 m 的日光温室为例，人工起垄需要 4 人作业 4~5 h，而使用该起垄机进行东西向起垄，1 人仅用 1~1.5 h 即可完成全部起垄作业，如果配合独创的'一进二退法'，2 h 可完成南北向起垄。"[7]

该站研发的草莓起垄机可有效解决日光温室草莓起垄的难题，填补国内此类机型的空白，可为上述解决方案提供技术支撑。

（三）关于新冠肺炎疫情对道口村的影响

此次疫情防控措施中明确禁止外来人员入村，封村、封路等措施直接影响了农产品的运输，进而影响了销量。就草莓来说，种植户表示在近尾期没人来运货，尾果只能浪费，且没有处理中心，多半草莓都作为肥田肥料。普通种植户表示对网店没有时间、精力经营，销量情况未知，且运输过程无保证，主要是包装、员工等导致成本增加。

疫情防控对农业生产的主要影响集中在各类原料输入、产品输出、产品销售价格等方面。农业生产经营者对疫情带来的损失，主要想通过政府、媒体等方式来降低。所以，政府在农业生产方面应给予相应的帮扶，减少农业生产经营者的经济损失。

（四）关于新农村建设

社会主义新农村建设是全面建设小康社会的重要内容之一，是一个系统性的复杂工程，是指在社会主义制度下，按照新时代的要求，对农村进行经济、政治、文化和社会等方面的建设，最终实现把农村建设成为经济繁荣、设施完善、环境优美、文明和谐的社会主义新农村的目标[8]。

此村除日光温室种植方式外还有很多别的问题，多数涉及政策法律等，不可一蹴而就，尤其是土地流转、产权等问题，农民思想上存在顾虑、缺乏保障机制、土地流转不够规范。健全土地流转管理机构，对相关的流转程序进行科学的指导，依据法律和政策开展土地流转工作，完善流转机制，协调在流转过程中出现的一些问题。健全土地流转管理机构的主要作用就是保障农民的权益，使土地流转过程更加规范。不管是流转方式的确定还是合同的签订，都要非常全面和详细地制定相关规定，避免农民在这一过程中存在任何顾虑[9]。

另外，农村农民的卫生习惯是一大问题。虽然在厕所革命的引领下，厕所大都换成了冲厕，但后续废弃物并未得到正规处理。调研的农户家厨房没有洗手池，切完生肉的菜刀和砧板都不清洗，直接就用来切生吃的菜，这样非常容易感染病毒、寄生虫等。他们习以为常，并且看不惯太讲究干净的做法。其实也能理解，村民们不管是务工还是务农都很辛苦，农民做农活辛苦，在外工作的每天早5点就要出发，晚上很晚才能到家，同样也不容易。但是如果意识不改变，生活质量就得不到提高。

社会主义新农村建设的总体要求是"生产发展、生活宽裕、乡风文明、村容整洁、管理民主"[10]。农村建设依旧任重而道远，随着农村的不断发展和各项政策的扶持，我相信，未来的农村人口会出现回流，更趋向于年轻化！

参考文献

[1] 王鹏，王健. 京郊村庄整治规划：以顺义区北务镇道口村为例 [J]. 北京规划建设，2007（6）：95-99.

[2] 刘攀. 草莓机械化东西向起垄栽培 [J]. 农业工程，2017，7（S1）：61-63.

[3] 李茂强，杨树川，杨术明，等. 温室横向起垄机的计算机辅助设计与分析 [J]. 中国农机化学报，2014，35（3）：78-81，85.

[4] 杨娜，安宗文. 起垄机起垄过程仿真及分析 [J]. 机械研究与应用，2018，31（5）：41-43.

[5] 余飞. 温室大棚草莓种植开沟起垄机的设计与试验 [D]. 合肥：安徽农业大学，2019.

[6] 芦晓春. 日光温室草莓起垄机研制成功 [J]. 农业知识，2019（20）：54.

[7] 于亚灵. 新农村建设规划问题的探讨 [J/OL]. 建筑工程技术与设计，2020（22）：39. DOI：10.12159/j. issn. 2095-6630. 2020. 22. 0039.

[8] 敖特更达赖. 农村土地流转中存在的问题及建议 [J]. 现代农机，2020（5）：13-14.

[9] 蒋培. 新冠肺炎疫情对农村地区的影响及其应对 [J/OL]. 世界农业，2020（9）：110-119. DOI：10.13856/j. cn11-1097/s. 2020. 09. 013.

[10] 中共中央第十六届五中全会公报 [EB/OL].（2008-08-20）[2021-06-10]. http://www. gov. cn/test/2008-08/20/content_1075344. htm.

强成洲

关于东莞市冷链 运输行业的调研

　　冷鲜肉、蔬菜等农产品价格变动，直接关系到百姓的切身利益。无论是生产和加工农产品的农户、农业企业，还是广大的市场消费群体，均会受到不同程度的影响。具体来看，农产品的价格变动除了受到自然因素的影响外，更多的问题来自生产流通运输的各个环节。通过早期的调查数据以及暑期对该领域的实际考察了解到，鲜活农产品生产流通运输各个环节先进技术缺乏，现行法规政策对市场竞争行为有一定限制，目前农产品流通成本较高。

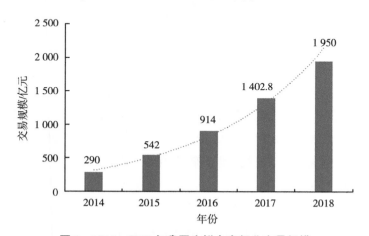

图 1　2014—2018 年我国生鲜电商行业交易规模

　　图 1 为 2014—2018 年我国生鲜电商行业交易规模。而据统计，我国公路运

输生鲜货物所占的市场份额已上升至 75%，短途运输几乎全部为公路运输。然而，国内冷链运输设备相对不足，技术相对落后，果蔬冷链流通率仅为 22%，果蔬腐烂损耗率达到 15%，而发达国家果蔬冷链流通率达 95% 以上，腐烂损耗率低于 5%。因此研究公路运输冷藏车技术势在必行。

一、东莞市冷链运输行业现状

（一）调研地点概况

本着就近实习原则，我选择本次调研的地点在居住地附近，即广东省东莞市南城街道江南世家小区及周边农贸市场。此处属于东莞市中心城区，人口密度大，物流运输较为发达，信息化程度高。调研的对象是一所社区便民生鲜超市和一座大型农贸市场。调研的方法是实地走访交流，但由于地理位置的局限性以及身份的限制，得不到一些行业信息，因此还结合了网上资料查询的方式，通过文献更好地了解冷链运输行业的过去、现状与未来。

（二）调研内容及方法

以生鲜超市和农贸市场为调研地点，以冷链运输行业环节梳理、公路冷藏车技术现状与发展及其他果蔬防腐保鲜技术为调研对象，揭示冷链运输行业现有问题和未来发展前景，期待能解决行业的一两个实际问题（图 2）。

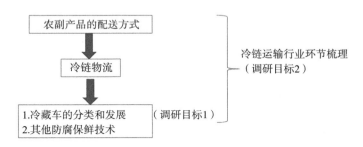

图 2　调研流程

第一天：走访钱大妈生鲜超市（图 3）。调研超市主要的营业范围、购买方式和购买人群的分布。

第二天：解决老师提出的问题，为什么"不卖隔夜肉"能称为卖点？然后逐步确定调研方向：即生鲜食品的物流运输。

第三天：联系农贸市场工作人员，继续查询东莞市冷链运输的相关情况。

图3　钱大妈超市

第四天：走访农贸市场，与生鲜超市售卖食品相比较。

第五天：了解冷链运输中农副产品的分类；冷藏车的分类和相变材料冷藏车的适用。

第六天：结合李明老师建议，展开对热点问题"公路运输中食品腐烂问题与解决方案"的调研。

第七天：搜集目前冷链运输过程中食品腐烂保鲜问题的现状。

第八天：走访生鲜超市和农贸市场，查询冷链运输中食品保鲜新技术。

第九天：查询冷链运输行业的法律法规，比较行业协会法规和企业法规的异同。

第十天：总结调研内容，得出调研结论。

（三）调研结果

1. 冷链物流的环节（图4）

一般主要由4个环节构成：冷冻加工、冷冻储藏、冷藏运输、冷藏销售。农产品从生产基地运出后，经预冷加工再由冷藏运输设备运到销售地，最终达到消费者手中。

（1）冷冻加工　主要包括对水果、蔬菜的预冷；对水产品、肉类、禽蛋等的预冷与冷却，以及在温度较低的环境下对其进行一系列的加工操作过程；对速冻产品等其他类农产品的低温加工作业过程。对产品的冷藏、冷冻加工是农产品

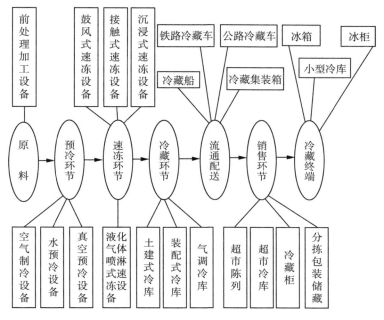

图 4　冷链物流环节

在冷链物流中的最初环节，该环节处理得是否恰当对后续环节起到了关键的作用。

（2）**冷冻储藏**　包含对杜果、草莓等生鲜农产品的储藏，以及对肉类、水产品的冻结等操作。这一环节能保证食品在加工或是储藏阶段均处于低温环境，有利于降低农产品的损耗。

（3）**冷藏运输**　包括短途、中途和长途运输，冷链运输方式有公路、铁路、航空等。冷链运输方式多样化，运输工具是否能提供稳定的温度环境和是否具有良好的性能是物流过程中重要的一个环节。

（4）**冷藏销售**　指的是冷藏、冷冻产品从配送中心出库后，到批发或零售的这段过程，这是冷链物流的最终环节。冷链农产品主要是满足对各大超市或批发市场的供给。

2. **冷藏车分类与新技术**

冷藏车是公路运输易腐果蔬和生鲜产品的重要工具，冷藏车主要由汽车底盘、制冷设备、冷藏车厢等构成。其中制冷设备和冷藏车厢是冷藏车两大专用设备。

一是制冷设备。

目前，应用于冷藏车上的制冷设备按照制冷方式划分，主要有机械制冷、蓄冷板制冷和液态气体制冷 3 种制冷方式。

（1）机械制冷　机械制冷由于调温范围广、调温精确可靠，是技术最为成熟、普及最为广泛的制冷方式。机械制冷机组固然有优势，但存在能耗较高，污染较大，故障率高的缺点。据统计，制冷机组每 100 km 油耗为 2～4 L，同时汽车的尾气排放增加 30%。对于机械制冷，可以从提高压缩机效率、降低压缩机能耗方面做进一步研究。

（2）蓄冷板制冷　蓄冷板制冷利用共晶液的充冷和放冷实现温度调节。充冷过程消耗低价电能的，放冷过程传热面积大，有利于冷藏温度的均匀性。由于蓄冷板制冷温度单一，制冷时间短，比较适合中短途冷藏运输。对于蓄冷板制冷，开发具有一定温度适应性的共晶液，优化制冷机组参数，延长制冷时间是未来可能的发展方向。

（3）液态气体制冷　液态气体制冷利用物质相变吸热的原理进行降温，常用的相变工质有液氮、干冰、液化天然气。液态气体制冷装置一般包括储液罐、喷淋装置或换热器、温度控制系统，为防止液体气化引起车厢压力升高，还需配备安全排气阀门。液态气体冷藏车降温过程环保无污染，并且降温速度快，降温均匀，国内外对其进行了大量研究。

二是冷藏车厢。

冷藏车厢可以保持车厢环境、保证车厢流场按照需求分布。国内外都对冷藏车厢的材料和车厢结构开展了研究。

冷藏车厢材料方面，国内外广泛采用传热系数低、强度高的聚氨酯泡沫，部分企业也开始采用重量轻、隔热效果好的真空绝热板生产车厢。

在车厢结构方面，国内研究有"差压式"厢体结构。"差压式"厢体结构有"上送下回"和"下送上回"两种送风方式。"上送下回"的结构技术成熟，但也存在一定的缺陷。"上送下回"结构自上而下强制送风，而冷空气受热上升，从而形成气流冲突。"下送上回"的结构，冷风从下部送出，不会形成气流冲突，但需要在车厢地板安装"T"形槽，以保证冷风可以顺畅送至车厢后部。

此外，欧美等国家提出了多温区厢体结构，并设计了多温区冷藏车。多温区冷藏车单次运输可同时装载多种不同温度要求的果蔬，且各自均保持在适宜的运输温度条件下，因此多温区冷藏运输技术改善了单次运输车厢温度单一的缺陷，降低了对运输果蔬种类的要求，提高了运输效率。一般，低温区位于最前端，高温区位于最后端，每个温度配备单独蒸发器或所有温区共用一台蒸发器。自多温度厢体结构提出后，便引起了广泛关注。在多温区结构中，不同温区的容积分配是难点。温区容积可变式厢体，具有较高的灵活性，容积利用率较高，但是不同温区间的移动式隔板密封性差，温区间的环境易相互影响。温区容积固定式箱体的隔离效果较好，但容积利用率较低。

对于冷藏车厢，研究隔热性能优良、重量轻、无污染的车厢材料，分析车厢结构对厢体流场的影响，改善多温区冷藏车温区间的气密性以及优化多温区车厢空间布局是未来的发展方向。

3. 相变材料冷藏集装箱技术

相变材料冷链集装箱技术，通过在蓄冷箱内安装 10 块蓄冷板，并利用蓄冷板内相变材料固-液相变时的吸热特性，实现为蓄冷箱内降温保冷的目的。文献表示，蓄冷箱的充冷时长为 6 h，保冷时间长，内部相对湿度保持在 85%～95%，相比传统机械式冷藏集装箱，运行能耗成本可节约 61.9%，投资回报周期为 0.58 年。

这种新型冷链集装箱技术，将传统制冷方法、相变材料和蓄冷板技术相结合，较高的相对湿度和较长的保冷时间，加之能耗成本方面的优势，体现了蓄冷箱在冷链，特别是在针对果蔬等常温保鲜货物的冷链运输方面有极大的应用前景。

4. 其他果蔬防腐保鲜技术

（1）减震包装　包括包装材料和包装方式，在生活中比较普遍。

（2）气调车技术　气调车可以同时调节运输厢体内的温度、湿度和气体成分，降低氧含量和果蔬呼吸速率，能有效降低果蔬腐烂的速度。气调主要有制氮气调、自发气调、充注气调和制臭氧气调 4 种形式。

（3）加湿技术　用于冷藏运输中的加湿装置主要有离心式加湿器和超声波加湿器，一般用于长途运输。

（4）信息监测技术　目前研究较多的是基于无线射频识别技术的信息监测系统。

5. 未来展望（与植物工厂的结合）

结合袁小艳老师建议，可以将报废冷链集装箱与本专业研究方向之一——植物工厂相结合，以便充分利用资源。

（1）尚未查询到冷藏集装箱回收的一些数据 我猜测，一是由于冷藏集装箱在我国发展起步较晚，近些年技术才逐步成熟，因此尚未生产足量的冷藏集装箱；二是由于冷藏集装箱生产成本较高，一旦投入生产就必须考虑到延长其运行寿命，因此目前投入市场的冷藏集装箱状况良好，未达到报废标准。

（2）移动式植物工厂的优势 ①可移动性强。适用地域广泛，可在远洋货轮、边防哨所、高山海岛、海军舰艇等场地周年持续和稳定地供应蔬菜，实现较小人群的鲜活蔬菜自给。福建省中科生物股份有限公司开发出的高海拔型能源自给集装箱式植物工厂已经列装西部某军区，首次在海拔4 300 m 以上的无人区安全越冬，并实现蔬菜持续生产和供应。②一体化设计。系统集成和产品组件模块化，便于运输和安装。集装箱植物工厂安装牢固，外部整洁，通常无外挂件，尤其适用于远距离运输和在复杂的地理环境条件下安装使用。③自动化控制。配有完备的智能化环境监测控制系统，可监测集装箱内外温度、湿度、CO_2 浓度等数据，同时实现 LED 光源、风机和水泵等自动化控制，最大程度地实现资源的高效利用。④小空间释放大能量。栽培架模组强度高，外观简洁，维护方便，采用自动化水循环系统，节省人力，实现智能化生产。

（3）冷藏集装箱与植物工厂的结合 这样的结合，可以减少集装箱植物工厂的建设成本。例如，对于炎热的夏季中降温环节的设备，可以运用集装箱自带的降温功能。

二、调研问题分析

配送的物流成本相对较高。生鲜的运输和配送需要达到一定的温度，更需要利用一些冷藏技术，所以配送的成本与普通的物流相比较高。在实际的运输过程中，一些物流企业出于对成本的考虑，不注重货物运输方式的选择，缺少对配送统一安排和计划，一些车辆因为线路的安排等会在路途中浪费大量时间，不利于冷链物流企业的成本降低。

法律法规仍不够健全。广东省生鲜冷链运送的标准有些是由政府制定，有些是由行业协会制定，有些是由企业制定，各标准之间有一些矛盾，这样不仅不利于冷链物流行业的整体发展，而且还不利于冷链运送技术的提升以及冷链运送范围的扩大。

具体来看，无论是生产地、批发地还是销售地，均属于运输环节的范畴。在运输环节会产生高昂的运输成本。中国商业联合会的资料显示，我国商贸物流总成本占全年 GDP 的 18%，比欧美等发达国家地区高出 1 倍。在农产品运输环节，这一比例相对更高一些。在现行的 GB/T 21735—2008《肉与肉制品物流规范》中，重点规定了冷藏（肉类）食品物流过程的包装、标志、运输和储存要求。我国生鲜农产品流通主要是依靠公路运输来完成，这与物流服务体系是分不开的。成品油垄断使得油价高昂，再加上公路经营垄断进一步加剧了物流成本。尤其是在国内一些道路网络不发达的地区，运输成本更是高出一截。

参考文献

宁秋实，2019. 集装箱植物工厂 ［J］. 生命世界（10）：45.

童山虎，聂彬剑，李子潇，等，2020. 基于相变蓄冷技术的冷链集装箱性能研究 ［J］. 储能科学与技术，9（1）：211-216.

杨其幸，陈伟，2019. 广东省生鲜食品冷链物流发展现状探究 ［J］. 现代食品（12）：4-6，19.

杨秋玲，胡妍，向利君，2017. 浅析农副产品便民店在社区的发展现状及对策 ［J］. 农村经济与科技，28（6）：87-88.

杨松夏，朱立学，张耀国，等，2019. 果蔬公路运输保鲜配套技术与装备研究 ［J］. 热带农业工程，43（4）：38-43.

张茜，2018. 三元概念分析及其在生鲜农产品冷链物流中的应用 ［D］. 舟山：浙江海洋大学.

苏子悦

田东县实施乡村振兴战略调研

根据实习实践课程的要求，我选择了"开展当地乡村振兴现状、需求、问题调研"为实践课题，对广西百色市田东县乡村振兴人居环境整治的实际情况进行调研。调研期间，实地查看了田东县祥周镇百银村泓西屯农村人居环境的治理情况、田东县农产品加工物流园建设情况，随县调研考察组赴崇左市江州区卜花屯和岜牟屯进行参观学习，积极参与实习单位组织的田东县创建文明城市宣传活动，深入街道和居民生活小区，既看到了田东县人居环境整治取得的成效，同时也发现了问题和不足。

一、田东县实施乡村振兴战略现状

（一）调研地点概况

田东县地处祖国西南边陲，总面积 2 816 km²，其中耕地面积 96.843 万亩。全县辖 9 镇 1 乡 167 个行政村（其中包含街道、社区），总人口 43 万，其中乡村人口数量 34.6 万。县内居住着壮、汉、瑶、苗等 12 个民族，是一个以壮族为主体的多民族聚居县。田东县是中国工农红军第七军和右江工农民主政府诞生地，邓小平等老一辈无产阶级革命家领导和发动百色起义的策源地，是吴邦国同志深入学习实践科学发展观活动的联系点，是国家发展和改革委员会定点帮扶联系点。县内部分区域自然条件恶劣，经济发展滞后，是一个集革命老区、少数民族地区、贫困地区为一体的国家扶贫开发工作重点县。全县累计减贫 12 951 户

50 901 人，49 个贫困村脱贫摘帽，2019 年底剩余未脱贫贫困人口 293 户 886 人，贫困发生率降至 0.24%，顺利实现了县级脱贫摘帽目标。

（二）调研方法

1. 进行人物访谈

选择对负责县政府乡村振兴的韦主任、农业农村局乡村振兴办公室的牙主任以及一同前往崇左市考察的驻村干部们进行访谈，了解田东县乡村振兴战略在县级规划和实际实施的计划及遇到的困难。

2. 进行实地调查

前往田东县祥周镇百银村泓西屯、田东县农产品加工物流园和崇左市江州区卜花屯及岜牟屯参观学习。

（三）调研结果

1. 乡村产业发展

根据"十三五"规划的产业布局，田东县大力调整优化农业产业结构和农业发展区域布局，加大产业化、规模和品牌化建设，积极培育现代农业综合体，打造完整的产业链条，丰富农村产业业态，大力推进一二三产全面融合。

第一，乡村产业发展情况。一是大力发展精品农业，加快全县富硒农业、有机循环农业、休闲农业 3 个新兴产业示范区建设，做强做大特色种养业，加快特色品牌化进程，发展绿色有机特色产品的品牌示范作用。目前，田东县国家农村产业融合发展（杧果）示范园已被列入国家发展和改革委员会发布的首批创建名单。田东县钱记农业循环经济 500 万只蛋鸡产业园项目投产，带动经济发展农民增收效果显著。长江天成（田东）国家有机农业综合体项目规划通过专家评审并进入实施阶段。二是加快引进大型农产品加工龙头企业，目前田东县农产品加工园区已开工建设，该项目规划建设用地 600 亩，总投资 1.5 亿元，预计到2022 年，全县建成 6 家产值超 2 亿元以上的农产品加工企业。三是加快农产品品牌建设，对外宣传推广树立田东"八香"（香猪、香杧、香蕉、香茶油、香米、香鸭、香料、香酒）、"五果"（杧果、板栗、酸梅、柚子、李果）等特色农产品的品牌形象。

第二，特色优势产业发展情况。2019 年全县水果种植面积累计达 45.01 万亩，新种 3.09 万亩（其中杧果 2.57 万亩，香蕉 0.21 万亩，火龙果 0.07 万亩，柑橘 0.21 万亩，其他水果 0.03 万亩）。水果总产量 43.52 万 t，比 2014 年增长 26%。目前已形成以杧果为主要特色，香蕉、火龙果、柑橘等水果潜力巨大的产业格局。田东是"中国杧果之乡"，是全国重要的杧果产区之一，2019 年，全县杧果总产量 21 万 t，总产值 11.5 亿元；杧果种植户人均纯收入高达 21 739 元。第十二届世界杧果大会 2017 年在田东举行，杧果产业已成为拉动农业和农村经济发展、保障农民持续增收的主要力量之一。

第三，农村一二三产业融合发展情况。2016 年，田东入选国家农村产业融合发展试点示范县，田东县国家农村产业融合发展（杧果）示范园 2017 年被列入国家发展和改革委员会发布的首批创建名单。目前，共有专业交易市场 2 个，拥有自治区级加工龙头企业 2 家，市级加工龙头企业 2 家；2019 年专门从事杧果营销的企业有 10 多家，从事杧果种植销售的合作社达 50 多家，从事杧果线上营销的电商、微商达 3 500 多家，年销售杧果约 7 万 t，占全年杧果产量的 40% 以上。创新涉农资金整合使用机制，投入 1.38 亿元打造 50 个产旅融合和特色种养项目，撬动社会资本约 8 亿元；田东县农村金融扶贫工作获得习近平总书记的肯定，金融改革经验写入中央有关文件。同时，通过实施涉农资金整合的 17 个产旅融合项目，打造产业融合示范点，由点串成线，有力带动全县产旅融合项目，推动全县全域旅游发展。

2. 乡村基础设施和基本公共服务

根据田东县"十三五"的发展布局，结合新型城镇化建设，统筹城乡，深入实施城镇化示范县工程、城乡规划提升工程、县城和小城镇基础设施工程、城镇管理提升工程和智慧城镇试点工程等相关项目，加大乡村基础设施和基本公共服务设施建设力度，稳步推进"美丽乡村"建设，积极打造"绿色、生态、舒缓、宜居"新田东。

第一，农村基础设施与公共设施方面。基本实现村村有公共服务中心、卫生室、文化室、幼儿园、文化娱乐活动广场"5 个有"。建制村通村道路硬化率 100%，通屯道路硬化率 80%。实现了村村通公路，公交线路已延伸至乡村，基本形成了一小时经济圈。深入实施"美丽广西"乡村建设活动，巩固提升"清洁乡村""生态乡村"建设成效，推进"宜居乡村"建设，抓好"基础便民"工程专项活动，推进农村垃圾治理、道路通行、饮水安全、村屯特色、住房安全工程，增强农村供电、通信、照明能力。

第二，人居环境整治方面。田东县辖 1 乡 9 镇，161 个村，1 433 个自然屯，先后建立垃圾中转站 23 个、镇（村）垃圾处理中心（终端）17 个、综合治理污水处理站 9 个，垃圾收集屋（点）373 个，购置垃圾清运车 1 157 部，配置垃圾桶约 35 000 多个，配备保洁员 1 985 人，在开展人居环境整治和乡村风貌提升行动中，整治精品型和基本型村庄 73 个、清理村庄河塘沟渠 46 条、"三清三拆"百日攻坚战完成 1 421 个屯。垃圾收运模式县城至作登线的 5 个乡镇约 30 个村屯纳入市政环卫管理系统，采取"户收集、村集中、镇转运、县处理"模式，偏远乡镇采取"村收镇运片区（终端）处理"和"就近就地处理"模式，乡村垃圾治理实现"三落实"（落实保洁员的收集、落实保洁员或村镇转运、落实村镇垃圾处理中心终端或县填埋场处理）。全县农村环境卫生情况较之前大有改观，公路沿线、村屯主干道、镇村活动场所、居民房前屋后卫生条件都有极大改善。

二、问题与对策

（一）问题

1. 资金投入不足

农业示范区资金投入不足，缺乏重大产业项目支撑，示范区建设发展缓慢；农村治污基础建设缺乏统一规划，没有可靠的资金来源，管理维护水平低，农村污水治理发展滞后。生态保护和建设必须依赖巨大的资金投入才能正常运转，生态文明建设资金存在巨大的缺口。

2. 公共服务设施有待完善

教育、医疗卫生、文化体育、公共交通等公共服务设施建设缓慢，乡村公共服务设施发展不平衡，发展水平低下，无法满足新时代农民群众日益增长的美好生活需要。环保基础建设严重滞后。因历史条件的限制和经济条件的制约，基层政府环保公共服务的能力非常薄弱，公共服务缺乏有效的投融资机制和政策，导致生活垃圾、生活污水、畜禽养殖和农业废弃物任意排放时有发生。

3. 群众主体意识不强，参与程度不高

部分群众对环境污染威胁健康的认识不足，对环境卫生的要求不高，积极性较低，没有形成卫生习惯。部分群众主体意识淡薄，参与"幸福乡村"建设、参与农村生活垃圾治理、参与清洁家园的主动性不高。

4. 村屯布局规划不合理，环境卫生基础设施薄弱

公共用地及村屯道路存在抢占、乱占现象，群众建房布局较为散乱。部分道路硬化没有综合考虑到排水、排污、绿化情况，存在部分农户房前屋后杂物乱堆乱放、家畜放养屎粪乱排等问题。

（二）对策

1. 加强政策扶持

虽然像田东县等国定贫困县实现了脱贫摘帽，经济社会即将进入新的发展阶段，但在新形势下，这些脱摘帽县要进一步刨穷根、创大业、奔小康，仍然需要国家部委和社会各界的大力支持与帮助，并且在政策上给予适当的倾斜。

2. 加强分工协作，强化建设队伍

乡村建设工作的主战场在乡村，乡镇和村干部担负着宣传党的政策、发展农村经济、维护和谐稳定，带领群众开展"环境秀美、生活甜美、乡村和美"的神圣使命。各部门协调配合形成推进农村人居环境整治工作的合力，通过强化培训指导、成立环卫执法队伍，提高全县乡村干部队伍整体素质、工作能力和业务水平，为乡村振兴和建设提供坚强组织保障。

3. 加大宣传力度，提高村民意识

加强宣传教育，把环境整治与提高群众素质相结合，倡导文明新风，共建美好家园，克服不文明的行为习惯和生活习惯；通过在电视台、报社开设专栏，文艺小品、张贴标语、发放明白纸、编印宣传手册等形式，多渠道、全方位宣传农村环境综合整治的意义和作用，形成强大的舆论攻势，发动广大群众及社会各界参与的主动性、积极性；及时报道农村环境整治的进展情况和好的典型，通过典型引路，使环境整治工作深入每家每户，做到家喻户晓。

4. 推进农村环境连片整治，加快人居环境综合整治建设

充分利用上级各部门在资金、政策、技术等方面的支持，为农村环境连片整治示范提供便利，进一步建立健全完善农村环保工作机制，整合各方资源，强化监管措施，推动示范项目取得成效，在农村环保体制建设、政策机制创新、农村环保实用技术推广等方面树立典型示范。

孙宇轩

针对“废水零排放”问题的调研

2017 年 10 月 18 日，习近平总书记在十九大报告中指出，要“坚持人与自然和谐共生”“必须树立和践行绿水青山就是金山银山的理念，坚持节约资源和保护环境的基本国策”。这在很大的程度上为我国不同产业的发展提出了明确的目标要求。而现阶段不同行业的企业生产过程中废水的处理和排放问题依然是企业和环境执法监管部门关注的重要内容。其中企业重点关注处理技术和废水处理成本以及相应的法规、标准、政策。而对于环境执法监管部门而言，管理措施、管理标准和相应的法律法规则是重中之重。除了现阶段社会发展的形势以及企业与监管部门双方的关注点以外，我所实习的单位提出了一个想法——“废水零排放”，即不向环境中排放任何废水（包括处理过的），实现水资源的回收利用。

我的实习地点选在了天津市静海区生态环境局，我主要负责文件处理相关的工作。在工作之余，我会尽可能地查阅一些资料为调研内容做准备，此外也会和相关部门的领导、职员进行讨论和交流以获得有价值的信息。实习的后半段外出机会增加，我到了几个企业进行实地调研，了解相应的情况。

一、天津市静海区“废水零排放”问题

1. 调研地点概况

静海区，天津市市辖区，是国务院批准的沿海开放区之一。静海城区地处静海区北部，与西青区隔河相望，距天津市中心 40 km、天津新港 80 km、天津滨海国际机场 60 km，距北京 120 km。我所实习的科室是大气环境科。该环境局主

要针对天津市静海区区域环境和环境管理现状，进行科学研究，为区政府决策提供环境科学依据，为区政府实施有效的环境监督和遏制环境污染与生态破坏提供技术支持，主要工作是提出相关环境问题的处理方案并不断改进，实地调研区内重点环境问题并采取相应措施，针对企业相关问题进行解答等。

2. 调研方法

调研主要采用实地调研和文献查阅相结合的方法，实习的前半段主要针对相关问题进行文献和相关法律法规的检索、查阅，对于整体的情况进行了解并设计实地调研问题，为后续实地调研工作做准备；实习后半段主要针对不同企业进行废水排放问题的调研，由于企业的部分内容较为保密，没被允许拍照，只了解了相应的情况。

3. 调研结果

对于法律法规的查阅结果，目前并没有针对"废水零排放"这一概念而衍生的法律，或者说并没有相关的法律要求企业做到废水零排放。而针对可以实现"废水零排放"这一概念涉及的法律，主要有以下两部：《中华人民共和国环境保护法》和《中华人民共和国清洁生产促进法》，其中《中华人民共和国清洁生产促进法》从法律规定的条文来看，更接近"废水零排放"的要求。

而现阶段废水处理的方法主要有物理法、化学法、生物法和物化法4种。物理法是指利用物理方法或机械对废水中杂质进行分离的废水处理方法，常用的方法有：过滤、沉淀、离心分离、上浮等；化学法是指利用化学物质与污水中有害物质发生化学反应的转化过程的废水处理方法，是利用化学原理消除污染物，或者将其转化为有用的物质[1]；生物法是指利用微生物在污水中对有机物进行氧化、分解的新陈代谢过程的废水处理方法，具有无二次污染、处理能力大、运行费用低、净化效果好、能耗小等优点[2]；物化法即物理化学法，是指在利用物理作用和化学反应综合过程处理污水的系统或指单项的物理操作和化学单元过程的废水处理方法[3]，该方法占地少，出水水质好，效果稳定；可以去除重金属离子，脱氮除磷，脱色效果好；灵活性高，对条件变化的适应性强，从而可实现自动操作管理，但基建投资和运转费用较高，能源和物料消耗多[4]。

对"废水零排放"的概念可主要从3个层次进行理解，首先从字面意思上看，废水零排放一般是指：除去蒸发、风吹等自然损失以外，工厂用水全部（通过各种处理）在厂内循环使用，不向厂外排放任何废水，水循环系统中积累的盐类通过蒸发、结晶以固体形式排出[5]。这样的概念就是水资源的零排放，也是"废水零排放"第一个层次的理解；第二个层次的理解是废水中物质资源的零排放，对于资源的节约仅仅考虑水资源是远远不够的，将废水中的物质有效回收利用，可以作为原料或营养物质参与生产，就达到了污染物的零排放即物质资源的零排放；第三个层次则是未来人们追求的最高境界，是指无限地减少能源排放直至到零的活动[6]。

后两个层次下对于"废水零排放"的理解与现阶段的实际生产差距较大，全世界对于资源、能源的有效回收，能做到"废水零排放"的案例极少，其技术普遍不成熟且应用推广受限。基于这样的原因，现阶段所考虑"废水零排放"的概念依然停留在第一个层次上。

我调研的第一家企业是天津市中通钢管有限公司。由于该企业实现了工业废水的循环利用，所以我对其废水回用系统进行了调研，其工艺流程中会有工业用水用于冷却降温和水压检查，这部分水基本不参与实际生产，水量基本不变，所用水通过管道又重新回到冷却水累积池从而再次利用。另外，由于该企业规模较小，人员较少，生活污水总量较少，同时所处地区地下水管网不发达，所以在企业内设置了一个一体化的污水处理设施，将处理后达到中水回用标准的水用于厂内绿化。

我调研的第二家企业是天津达陆钢绞线有限公司。该企业生产规模较小、生产的产品比较特殊，并不产生工业废水，而只产生生活污水。该企业在厂区设置了旱厕，旱厕定期清掏，并通过相关部门进行统一回收处理，该企业的生活污水没有私自外排，也满足了监管部门对于"废水零排放"的要求。

除了基本实现"废水零排放"目标的企业外，我还调研了一家化工企业，由于该企业废水水质较为复杂，工业用水的水质要求又较高，实现废水回用的难度较大，该企业主要先采用化学法对废水中的物质进行沉淀，然后采用物化法处理，达标后再通过管网排出到相应的污水处理厂再次处理。

从调研结果上看，现阶段满足"废水零排放"要求的企业具有3个特点，第一，工业用水不参与实际生产反应中，具体表现为金属延展加工行业的冷却水；第二，产业规模较小，产品较特殊，基本不产生工业废水；第三，工业废水中杂质种类较为简单，基本不含污染物或废水处理方式较为简单，处理成本较低，处理效果较好，处理后的水基本可以回用从而不影响产品质量。只有满足以上3种特点之一的企业才有能力实现"废水零排放"的第一层次概念要求。

　　由于我所在的单位是国内率先提出"废水零排放"想法的监管单位，我主要调研了相关部门针对"废水零排放"的相关评判标准以及监管举措。对于"废水零排放"的评判标准，规定为企业无外排口，企业不得擅自排放废水进入环境中，工业废水做到厂内循环利用，生活污水做到不乱排。具体措施为：首先，要求各企业对自身情况进行审查和上报，主要内容包括企业基本信息、废水回用情况和环评办理情况，之后由职员进行评审，对各企业的"废水零排放"具体情况进行评估，并将企业分类汇总；其次，针对已达到要求的企业工艺进行研究，发现在生活污水回用的过程中易出现不达标问题；再次，定期检查企业回用的水质，主要包括处理后用于绿化的生活污水；最后，要求企业定期向执法监管单位汇报其具体执行情况。

二、问题与对策

　　由此可见，实现"废水零排放"目标具有较高的局限性，对企业规模、行业种类和工业用水方式的要求都较高。针对这一问题，我们可在部分地区的规模较小或者工业用水处理方式较简单、处理效果较好的企业进行相应概念和标准的推广以及实施，达到部分地区、部分企业"废水零排放"的效果。此外，应加强废水处理技术的研究，逐步解决不同类型废水的处理后回用问题，不断改良和创新，在技术进步的同时注重成本的控制。

　　针对现阶段监管单位的举措，不难发现相应的监管标准不完善，对实际情况的分析存在偏差，具体要求过于理想化。针对这一问题，我们继续完善相应的监管标准，做到有效地结合实际情况，可将标准与不同行业的生产情况相结合，同步推进各行业废水处理技术的改进，避免各行业各领域监管的"一刀切"。此外，监管应更加重视生活污水处理，由于生活污水处理后未达标就用于绿化的情况容易出现，就要把握企业用水的方向和总量，做到有据可依。整个监管过程应将我国的法律作为底线，一切的监管标准应依托于法律并高于法律。

　　各个企业的废水处理情况不够公开，通过这次调研我发现只能利用对话了解情况，并不能有效获取实际数据，这对于未来的监管工作造成了很大的不便。针对这种情况，企业内应公示废水处理过程以及废水的走向，做到透明化、公开化，并不断依据各企业废水处理技术的进展对本企业的废水处理设备进行更新和改善。

如今"废水零排放"的概念依然存在理想化的现象,这个想法的提出,体现了我们对于环境保护和节约资源的重视,同时也体现了我们为了实现相应目标的努力。由于现阶段污水处理技术和污染物质回收技术仍然存在提高的空间,针对不同行业相关的标准还不够完善,现阶段应适当调整策略,将实现此目标的重心放在部分满足要求的企业上。尽管这个目标存在相应的问题,但我相信未来它将成为我们实现绿色生产所需要的重要要求。

三、致谢

在过去的 3 周社会实践中,我获得了不小的收获和对一些问题的深刻理解,在此非常感谢天津市静海区生态环境局刘魏林科长在实习过程中对我的帮助与照顾,也感谢农建系老师们在整个课程中的帮助和指导。

参考文献

[1] 秦妮,李健,卢奇,等.含铬废水处理工艺研究 [J].化学工程与装备,2020(7):248-249.

[2] 王金利.焦化废水深度处理现状及技术进展 [J].资源节约与环保,2020(7):120.

[3] 蒯杰,赵宇.含氟工业废水处理技术现状 [J].资源节约与环保,2020(6):105-106.

[4] 诸力维.工业废水处理方法及发展趋势解析 [J].清洗世界,2020,36(3):3-4.

[5] 陈源.新型煤化工废水零排放与解决思路 [J].化工设计通讯,2018,44(8):5.

[6] 林高平.浅谈废水零排放与钢铁企业的水资源管理 [J].资源再生,2019(7):33-38.

刘 璐

北京市密云区利用
土窖储藏苹果调研

　　密云区新城子苹果基地位于密云东部的新城子乡，雾灵山脚下。充足的光照条件，昼夜温差较大，十分适宜苹果的生长。通过对主要产地蔡家甸村的实地走访，我对当地的苹果种植业有了一定的了解，为了以专业知识结合当地现有的条件来优化当地的苹果产业，我将调研的焦点最终集中在苹果的储藏问题上。作为农业大国，土窖是我国农产品既传统又独特的储藏方式。鉴于我国仍处于市场经济初级阶段，暂不能像发达国家那样全面实现全程冷链、果蔬贮运技术。我国发展保鲜事业要"土""洋"结合，少花钱，多办事。大多数农民经济能力有限，土窖储藏主要面向农村，其造价低，工艺简单，也可旧房改造，在未来一段时期内仍将是用量最大的果蔬储藏设施。

一、调研情况

（一）我国土窖储藏的现状

1. 土窖储藏现状

　　改革开放前，窖藏是在沟藏、埋藏的基础上引进国外技术发展形成的一种简易储藏方式。由于土窖储藏具有投资少、省能源、易建造、管理方便、适应当今农村经济的发展水平等优点，在我国自然冷源丰富的北方仍是比较有效的储藏方式。国家"六五"至"十二五"期间，土窖均不同程度地被列为国家和省级研发项目。改良后的土窖，建立强制通风系统，再配用相应的保鲜袋、保鲜剂处理，用于大宗果蔬保鲜，储藏效果冬季优于普通冷藏，而库体、设备投资可节省约 60%，节能约 90%。因此，现阶段在我国自然冷源丰富的地区，出于能源和经济的考虑，窖藏形式依然普遍。

2. 窖藏技术和硬件设备的主要发展情况

改革开放 40 余年，土窖的硬件设施和建造、储藏管理技术都在不断地提高，主要表现在以下几个方面。

（1）窖体参数设计更加科学，库房利用率提高　土窖设置保温门、防鼠门、通风口和强制通风制冷机以及相配套的气调控温管理系统。窖体内外加强了保温防潮技术处理，隔热保温材料趋向节能安全环保，土窖隔热材料由传统的炉渣、稻壳、软木、沥青等转变成保温性能更好的聚苯乙烯泡沫板、聚氨酯。

（2）窖藏库数量稳步增长　随着国民经济发展，初步形成了产地与销地的窖藏库以及机械、气调储藏与传统土窖相结合的新格局。随着产地简易储藏科技攻关成果的推广应用，土窖结构进一步改进，自发气调储藏、气调储藏技术在土窖中广泛应用。

（3）自动化程度显著提高　窖藏技术与现代制冷技术结合，自动化程度、温湿度调控水平明显提高，土窖功能多样化。目前一些改良的大型土窖实现了计算机远程管理和电子控温数字化温湿度管理。同时近些年化学杀菌剂、活性调节剂、涂膜剂等保鲜防腐剂在窖藏保鲜中的推广使用为广大农户带来了可观的经济效益。

（二）调研地点概况

密云区新城子苹果基地位于密云东部的新城子乡，雾灵山脚下。充足的光照条件，昼夜温差较大，十分适宜苹果的生长。现种植面积达 4 050 亩，年绿色果品生产能力 400 万 kg，供应期为每年的 10 月到翌年的 5 月。主栽品种为红富士，近几年又引进"烟富 1-5 号""滕木 1 号"等优新品种。

（三）调研方法

调研主要是通过线上调查问卷、现场走访、人物访谈等方式进行。首先在调研前期设计了一系列的问卷，了解了北京郊区及城区人群对密云区苹果及苹果储藏的认识情况。其次亲身走访新城子镇，对新城子镇果农进行了采访，主要针对今年的产量、在种植时树常害的病、除草、打药、销售问题进行了了解。

（四）调研结果

通过问卷、走访、访谈了解到新城子镇苹果产业发展并不完善，尤其在储藏上存在一些难题，导致苹果储藏时间短、成本高等问题。储藏方式多为窖藏，但都为传统窖藏方式，无配备设施，效果难以令人满意。

二、问题与对策

（一）新城子镇窖藏技术存在的问题

目前，新城子镇窖藏技术主要存在以下几个问题。

1. 欠缺配套地窖通风设备

传统土窖秋季降温慢，果蔬难以及时入储；冬季保温差，果蔬易发生冻害；春季温度回升快，果蔬易发芽腐烂。造成上述问题的根本原因在于储藏设施过于简陋，设施标准低，设备配套不足，通风不畅，储藏温度无法控制，自动化程度低，储藏后期果蔬新鲜度严重受影响。

2. 果蔬采后处理不当，农户及贮户对采后及时快速降温的重要性认识不足，管理粗放

多数农户对窖藏保鲜技术掌握甚少，不能科学合理地使用抑芽剂、防腐剂、保鲜剂等化学试剂，以致冬季冻害现象普遍，农民增产不增收，影响市场供应。

3. 缺乏系统集成创新和个性化推广

技术支撑动力不足，储藏技术原始、落后。先进技术的推广普及率低，没有得到有效推广与应用，缺乏专门的投入和产业化运作。传统土窖闲置率较大，农产品窖藏保鲜设施亟待升级。

（二）土窖储藏通风优化措施

1. 自然通风

初步方案：由于冷空气相对于热空气来讲有向下运动的趋势，所以风管可铺设在地窖侧墙，连接地窖的上部与下部，并在顶部和底部各开一个通风口，冬季外部气温低时打开通风口，外界冷空气就会由下部进入地窖，将热空气从地窖顶部通风孔顶出，同时外部冷空气在风管内流动时也会均匀向外送风。平时则关闭以防止雨水或其他异物进入。

通风时间计算：根据如下所学公式进行热压自然通风的粗略计算，可根据实际气温和所需条件大致确定每天的通风时间。

Δp：通风窗口内外空气压差

v：窗口空气流速（v_a 为进风窗口空气流速，v_b 为排风窗口空气流速）

A：通风窗口面积（A_a 为进风窗口面积，A_b 为排风窗口面积）

μ：通风窗口流量系数（μ_a 为进风窗口流量系数，μ_b 为排风窗口流量系数）

T：空气的热力学温度（T_i 为室内空气热力学温度，T_0 为室外空气热力学温度）

通风量计算通风窗口内外空气压差与通过窗口空气流速之间的关系。

$$\Delta p = \frac{1}{2}\rho_a v^2 \quad \text{Pa} \qquad v = \sqrt{\frac{2\Delta p}{\rho_a}} \quad \text{m/s}$$

空气流量为：$L = \mu A v = \mu A \sqrt{2\,\Delta_p/\rho_a} \quad \text{m}^3/\text{s}$

进风口风量为：$L_a = \mu_a A_a v_a = \mu_a A_a \sqrt{\dfrac{2(T_i - T_0)gh}{T_i(\dfrac{\mu_a^2 A_a^2}{\mu_b^2 A_b^2} + 1)}}$

$$= \sqrt{\frac{2(T_i - T_0)gh}{T_i(\dfrac{1}{\mu_a^2 A_a^2} + \dfrac{1}{\mu_b^2 A_b^2})}} \quad \text{m}^3/\text{s}$$

记：$k = \dfrac{1}{\sqrt{\dfrac{1}{\mu_a^2 A_a^2} + \dfrac{1}{\mu_b^2 A_b^2}}}$

即 $L_a = k\sqrt{\dfrac{2(T_i - T_0)gh}{T_i}} = k\sqrt{\dfrac{2gh\Delta T}{T_i}} \quad \text{m}^3/\text{s}$

2. 机械通风

初步方案：机械通风方式分为压入式通风、吸出式通风、环流通风以及混合式通风。

在选择通风方式上考虑到地窖内外温差的因素：采用机械送风-自然排风的方式进行通风换气，将压入式通风系统安装在地窖下部，同时利用自然通风的地窖上部的通风口实现机械通风。

3. 自然通风与机械通风相结合

初步方案：根据不同季节、不同自然气候条件，所需要的通风效果也不同。

所以优化方案为：在自然通风的基础上，加入机械通风的设备。即在地窖口安装风机，地窖内安装风道，利用自然风能调节地窖内环境。在冬季地窖内外温差较大的情况下单独使用自然通风。在自然通风难以满足时采用与机械通风协同使用的方式进行通风。在进行机械通风的同时可以针对该地窖的数据分析，计算出风机的运行时间与运行周期，达到较为精准的、有效的降温效果，满足地窖内部贮存苹果的适宜温度，以延长苹果的保质期。

4. 减少采后损失，优化堆码方式

初步方案如下。

铁箱：铁箱规格，长 1.1 m×宽 1.0 m×高 0.66 m 左右，四壁及底面有隔栅，整箱总高 0.75 m，装果量 250 kg 左右。

塑料周转箱：塑料周转箱规格一般为长 0.5 m×宽 0.3 m×高 0.3 m，装果量 15~20 kg，强度高、规格统一，能堆码一定高度，以最大限度地利用储藏空间。同时，为了管理堆码的塑料周转箱，可以根据塑料周转箱的规格设计置物架，方便工人的操作。

5. 保鲜技术的应用

初步方案如下。

气调保鲜技术：气调保鲜技术是指将果蔬贮运环境中的氧气、氮气或二氧化碳控制在一定比例范围内，从而抑制果实的呼吸作用，达到延缓代谢的保鲜技术。气调保鲜技术成本低、无污染，红富士苹果果肉致密，果实内部 CO_2 扩散慢，易导致 CO_2 积聚，造成果肉褐变，Argenta 等的试验结果显示，红富士苹果对 CO_2 具有一定敏感性，因此在气调保鲜中控制 CO_2 浓度尤为重要。

田蓉等将红富士苹果用 50 μm 厚 PVC 保鲜袋包装，充入体积分数为 2% 的 CO_2 气体，置于 0 ℃ 的冷藏环境中储藏 150 d 时，果实硬度为 7.6 kg/cm²，高于对照组的 6.9 kg/cm²，且在保持果实水分、可溶性固形物和可滴定酸含量等方面效果显著。关文强等研究表明，不同温度条件下不同气体比例可有效保鲜红富士苹果，0 ℃ 条件下，O_2 浓度 12%~19%，CO_2 浓度 1.8%~5.0%；10 ℃ 条件下，O_2 浓度 5%~16%，CO_2 浓度 3.5%~8.0%，处理后的红富士苹果硬度下降较慢，果实内容物得到了有效保持。

结合气调保鲜技术以及窖藏技术，可以对苹果的储藏进行持续改进，既可以解决气体中 CO_2 含量过高从而与苹果发生反应的问题，也可以通过气调技术抑制内源乙烯的产生，进一步提高苹果的品质。

三、致谢

感谢宋卫堂老师、袁小艳老师、张天柱老师、李明老师以及贺冬仙老师对本次实践调研的指导。

史凌杰

小型农业公司生存现状及瓶颈突破

我本次专业实践实习的公司是位于浙江省嵊州市甘霖镇施家岙村的嵊州绿城越剧小镇农业开发有限公司。实习周期为3周，自8月24日至9月11日。

实习过程中，我带着问题进行调研。起初我拟定的调研方向为"丘陵地区现代化精细农业适应性调研"。因为我本次实践实习的地点位于浙江省嵊州市，嵊州处于我国东南丘陵中的嵊州盆地。而丘陵地区在发展现代农业时可能会面临施工成本上升、维护成本增加等问题。因此，我希望通过本次实践实习得到一些相关结论，有可能的话可以进行更加深入的研究。但是经过一周的实践实习，我逐步熟悉了越剧小镇农业公司的产业结构和运营模式，根据我自己的实践实习体会以及分析思考，我决定更换调研方向，改为"小型农业公司生存现状及瓶颈突破"。

一、小型农业公司生存现状及瓶颈突破

1. 调研地点概况

浙江省嵊州市甘霖镇施家岙村坐落在风景秀丽的澄潭江下游，靠山面水，由原施家岙、石宕、下岙、楼盛、黄泥岗5个村合并组成。共有449户，1 268人，总区域面积6.86 km²，耕地420亩，山林1 000多亩，盛产优质水蜜桃，个体、私营经济以丝织、石雕为主。2003年被绍兴市评为文化特色村、绍兴市全面小康示范村。获2007年浙江省美丽乡村综合奖。

嵊州绿城越剧小镇农业开发有限公司于2017年6月19日成立，经营范围包

括种植、销售：蔬菜、花卉、果树、水果；农业机械制造；养殖、销售：淡水产；农产品加工；农业的开发、经营管理、服务；休闲观光农业；销售：保健品；食品经营；货物及技术进出口；货运：普通货物运输；农业技术咨询服务；农业规划设计服务；农业工程、园林绿化工程、景观工程的设计、施工、养护；农业设施设备安装；现代农业栽培技术领域内的技术开发、技术服务、技术咨询、技术转让。总体而言，这是一家小型现代化农业公司。

2. 调研方法

在实践调研的过程中，我主要发现了 3 个问题：小型农业公司缺乏真正的技术型人才；小型农业公司在成本和自动化上的矛盾；小型农业公司在生产和销售方面的重心问题。通过了解产业问题，分析出小型农业公司的生存现状。经过与公司负责人、管理人员、生产区负责人、农民等不同结构层面的人进行交流访谈，得到更多切实有用的信息。

3. 调研结果

经过 3 周的实习，我发现了存在于小型农业公司中的产业问题，而且有不少问题属于根本性的问题，如果不能从根本上做出改变，像越剧小镇农业公司这类小型农业公司未来发展会受到越来越多的限制。

5~10 年前，如越剧小镇农业公司这类小型现代化农业公司非常吃香，因为这些小型农业公司窥到了先机，迅速抢占周边市场，整合一定范围内的农业产业，从而达到规模效应。而近年来，越来越多的小型现代化农业公司成立，蛋糕只有那么大，但是想要瓜分的人却越来越多，这样的结果只能是后来者挤占先驱者的市场，先驱者则要保卫自己的领地。

而当前这种情况实际上对于农业工业化、集约化、产业化的发展非常不利。目前，这类农业公司在农产品市场的份额分配已经大致固定，但是多数小型农业公司实际上并不能形成固定的销售渠道。因此，要想提高公司的经济效益，只能寄希望于服务配套、农旅结合等产业模式。

然而，在我看来这种做法实际上是本末倒置。我们的农业工业化依旧没有推进，农业的产值事实上也并没有增加，有的只是依托于农业的附加服务业产值。当然，并不是说不可以有这样的发展模式，但是更关键的是如何真正提高农业的产值和效益，如何将我国从一个农业大国发展为农业强国。

二、问题与对策

调研期间，我深入挖掘了越剧小镇农业公司成本核算的思路，以及生产销售的重心选择。我在沟通交流中了解到，农业公司的人力成本相比旁边的越剧小镇投资公司更低，相比于投资公司，农业公司的工作相对轻松，同时不要求成绩，农民们所种植的东西产量和质量并不影响他们的工资。以上这些虽然能够使生产劳动力成本下降，也埋下了产品产量和质量问题的隐患。由此反作用于销售，致使销售额降低。由于越剧小镇农业公司"沉迷"于做配套服务，导致自身种植产品品种过多，拖了集约化、自动化的后腿，又反作用于生产。且由于大量的品种和单个品种一定量的产出，农业公司并没有受到大客户的青睐，也没有形成固定的销售渠道，这导致公司经济效益一般，没有办法投资扩大规模或是更新设备。

另外，农业公司目前存在一个很大的问题就是内部竞争。而内部竞争主要源于复杂的管理体系，越剧小镇农业公司是属于越剧小镇投资公司下属的子公司，原则上归属投资公司进行管辖，但是显然，投资公司并不懂农业技术，因此在统筹协调上存在问题。投资公司对于农业公司的要求就是做好小镇业主的配套服务，而这也是导致农业公司目前发展缓慢的最主要原因。

出于对策思考，我也在积极调研和寻求小型农业公司的瓶颈突破方式。实际上最简单而又最直接的方式，就是再一次地化零为整，形成更大的产业规模。以越剧小镇农业公司为例，越剧小镇农业公司虽说是属于越剧小镇投资公司下属的子公司，但是在技术层面由绿城农业和蓝城农业两家公司进行协管。而绿城农业和蓝城农业管辖的小型农业公司其实有很多，因此，如果能够整合所有的小型农业公司，实现规模效应。例如，越剧小镇农业公司的管理和生产人员在葡萄的种植上有独到的见解，那么整个产区就都改为葡萄种植，其他的小型农业公司也类似。这样，品种的简单化、单一化也能够简化管理的方式方法，实现更好的环境调控，推进农业工业化。虽说这样做可能会增加一定的运输成本，但是规模效应带来的产值让整合在技术经济上具有可行性。

正如我们国家在前些年整合煤矿、钢铁产业一样，目前我们国家的农业产业也需要进行整合，扩大规模效应，提高集约化程度，这也正是小型农业公司的瓶颈突破之法。

三、致谢

首先，非常感谢嵊州绿城越剧小镇农业开发有限公司能够给我提供这样一次难得的实习机会，让我真正走进生产一线。这次实习与我们之前的认知实习或是课程实习等内容有所不同，之前我们去的都是比较大型的企业或是公司，我们看到的或者学习到的也多是大规模、机械化的现代农业设施设备，这些集约化、自动化的设施设备与我们平时课堂所学是比较一致的。但是这次专业实践实习，我找到的越剧小镇农业公司与这些大型农业公司完全不同，这里没有很多的自动化设备，规模也比大型农业公司要小得多。不过，我觉得这一次来到越剧小镇农业公司，我有了别样的收获。这是我第一次深入走入基层一线的农业公司，了解农业公司的内核、经营、生产模式等。我也了解了许多在学校里学不到的东西。

同时，我也要感谢实习期间给我提供帮助的李保明老师、赵淑梅老师、宋卫堂老师、郑亮老师、梁超老师等，他们解答了我在实习调研中遇到的困惑，也为我后续深入推进产业调研提供了坚实的基础。

最后，我还要感谢实习期间在背后默默支持我的家人们。

牛文娟

关于淮阳县主要设施
养鸡场现状的调研报告

　　河南省周口市淮阳县农村养鸡多以数十只规模的散养为主，但也涌现出一批愿意投资养鸡产业的农民，这些农民普遍没有接受过相关培训和教育，在建筑建设和环境控制等方面有很大的盲目性。

　　为此，在 2020 年 8 月 24 日至 2020 年 9 月 12 日，我对河南省淮阳县新站镇牛营村的脱贫发展状况以及当地设施养鸡场的现状进行调研，结合河南省淮阳县曹河乡大用农场调研实习的相关经历以及淮阳县设施养殖发展现状，对村庄的设施养殖提出一些解决问题的思路，运用农业建筑环境与能源工程专业相关知识，为村庄内的农业设施建筑建设与技术发展提出一些可行性的建议。

一、淮阳县主要设施养鸡场现状

（一）调研地点概况

1. 河南大用集团曹河乡养鸡场

　　河南大用集团已发展成为集良种繁育、饲料加工、鸡苗孵化、肉鸡养殖、屠宰加工、调理品深加工、技术研发、疫苗生产、冷链物流、包装彩印等为一体的大型农牧食品企业集团，是农业产业化国家重点龙头企业。

　　大用集团坚持"自繁、自养、自产、自销"的肉鸡全产业链发展模式，形成了"从农田到餐桌"严密的食品安全追溯体系。

　　我所在的河南省周口市淮阳县曹河乡大用集团的场区是蛋种鸡场，负责供应种鸡蛋。蛋种鸡场地理位置较为偏僻，周围是村民种的玉米地，三面环水沟，车辆进出场区并未进行消毒。

场区外的水沟作用为防火，整个场区入口进入后分为两个蛋种鸡场，由两个厂长管辖，生活区与生产区间隔有 8 m，其中湿帘端与员工相邻，虽然不会像风机端一样排出气味非常恶劣的臭气，但是由于防疫距离不够，员工的福利得不到保障。

场区内鸡舍共 6 栋，每栋鸡舍均具备温度检测装置、加温设施、降温的湿帘风机、室内光照（20 W LED 灯），鸡舍内有自动饮水和半自动的上料设备，1~4 栋鸡舍内为人工集蛋设备，5 栋及 6 栋鸡舍内为自动化的集蛋设备，方便操作，大大减少了员工的工作量。

蛋库约 10 m^2，位于生活区的南侧，经过改造，蛋库的南侧增加了一个鸡蛋消毒室，人工将鸡蛋运输到消毒室后对鸡蛋进行消毒，减少鸡蛋上的污物或人工集蛋时附着到鸡蛋上的污物等对鸡蛋的影响。

场区内以本交平养的模式饲养蛋种鸡，鸡舍面积为 110 m×24 m＝2 640 m^2，湿帘面积为 48 m^2，共有 14 台功率为 1.5 kW·h 的风机，风机设有百叶窗（防止回风、利用鸡舍内的负压实现自动开合）。公母鸡比例为 1∶10，采用两高一低的模式进行饲养，一般引入 13 周龄的青年鸡进行养殖，根据鸡只生长阶段的不同进行免疫、逐渐增强光照和延长光照时间，成鸡光照为 20W 的 LED 灯/6.5 m^2，光照时长为 14 h。这种程度的控制主要靠人工经验，此外，风冷、加温也多靠人工经验进行调节。

淘汰鸡只一般会根据生长周龄、产蛋率、种蛋价格以及肉鸡价格综合考量，进行淘汰，其中，一般控制在 55~56 周龄淘汰，而产蛋率控制在 50%左右，产蛋高峰期时，鸡只产蛋率可达到 85%~90%。

日常管理过程中的弱鸡、病鸡由人工集蛋时手动筛选出，放入单独的小笼饲养，待鸡只痊愈后放入原鸡舍中。鸡粪一般一年清理一次，但当鸡粪过多导致垫料板结时，也会进行鸡粪的提前清理，鸡粪的清理方式为人工手动清理，因此效率较为低下，且工作环境很差，比较难找到愿意做这种工作的工人。

蛋种鸡场场区内卫生糟糕，且防疫不到位，很容易因为鸡舍员工消毒不到位而将病菌带给蛋种鸡。另外，鸡舍与鸡舍之间的防疫距离为 8 m，不符合规范要求的 12 m，因此当流感侵袭时，容易造成整个鸡舍场区内的流感暴发。此外，鸡舍内工作人员福利不够，宿舍和餐厅距离鸡舍湿帘仅 8 m，远小于规范要求的 50 m。

2. 河南淮阳县新站镇牛营村养鸡场与种植业

河南淮阳县新站镇牛营村养鸡场是由村内一家农户自行修建的养鸡场，该养鸡场形似塑料大棚，在进行建筑设计时没有进行任何理论计算。配有自动上料、饮水和补光设备，鸡笼为三层半阶梯笼养，饲养规模为 8 000 只。舍内有湿帘风机以及温度检测装置，鸡粪在用机器抽出后在田地里自然堆肥，待售。粪污处理设备为半自动的刮粪板，集蛋方式为人工集蛋，每天大约需要一人耗费 2 h 完成整个集蛋流程。

鸡舍内采用人工通风与光照，通过调节通风量的大小和速度，在一定范围内控制鸡舍内的温度和相对湿度，夏季炎热时可通过大通风量或者采取其他措施降温，寒冷季节一般不专门供应暖气，而是靠鸡只本身的热量，使舍内温度维持在比较合适的范围内。

根据牛营村商品蛋鸡场场主所提供的信息，该鸡舍曾在夏季炎热时发生过鸡只热应激过于强烈而导致死亡的事件。据养鸡场主介绍，其有进一步扩建养鸡场的意向。因此，若场主想要扩建养鸡场，解决鸡只夏季热应激问题将是一个需要考虑的重要问题。河南夏季温度相对来说都比较高，可达到 30 ℃ 以上，所以热应激的防控很有必要，养鸡较理想的环境温度是 15～28 ℃，在这个温度范围内，鸡的生长速度较快，饲料利用率也较高，高于这个温度时，将会对鸡产生不利的影响，当温度达到 30 ℃ 以上，鸡生理上会出现一系列不良反应，会陷入热应激的状态[1]。入夏以后，由热应激、蚊虫叮咬以及一些病原微生物的大量滋生等因素导致的采食量下降、产蛋率下降、鸡只死亡等问题也有出现。

（二）调研方法

通过现场走访河南大用集团曹河乡养鸡场、河南省周口市淮阳县新站镇牛营村养鸡场，调研观察现场情况，并对养鸡场场主、鸡舍内工作人员、食堂阿姨等进行人物访谈，对调研地点的情况进行深入了解后，通过文献分析法对调研地点养鸡场的情况进行问题总结分析，在此基础上提出相应的解决方案。

（三）调研结果

对河南大用集团曹河乡养鸡场和河南淮阳县新站镇牛营村养鸡场的现状进行

对比分析后得出，淮阳县农村散户养鸡场与规模化养鸡场在诸多方面存在较大差距：卫生差，环境污染严重；防疫不够，有较大风险；机械化程度不高，效率低下等问题较为突出。此外，无论是规模化养鸡场还是散户养鸡场，均有一个共同点：场内主要劳动力均为农村老年妇女，她们普遍对养鸡场没有任何了解，只是在一个固定的岗位上做重复性工作，如捡鸡蛋、擦鸡蛋、运送鸡蛋、清理设备等。

为此，我对河南省淮阳县新镇镇牛营村 100 户的人群年龄结构进行了走访调查，得到如下数据：100 户中平均 1.61 人，老人平均 0.96 人，年轻人 0.2 人，小孩 0.45 人。中老年人更容易对农村的生活感到满足，因为他们对生活的诉求与年轻人不同，想要留住年轻人，或许应当考虑怎样满足年轻人的诉求。

二、问题与对策

（一）问题

1. 河南大用集团曹河乡养鸡场存在的问题

河南大用集团曹河乡养鸡场已经是淮阳县规模最大、设备也最完善的养鸡场，自动化水平较高，但其仍然存在一些问题。

（1）没有将净道和污道分离，容易造成场区内的交叉感染。

（2）下水道外露，场内污水流向混乱，对环境不友好。

（3）员工福利没有做到位，如生产区与生活区距离太近，没有隔离带。

（4）设备的机械化程度仍然有待改善，鸡舍内一些工作比较脏累，应当尽量用机器代替。

（5）舍内臭气处理不当，直接排向大气中。

（6）夜班工作人员常年黑白颠倒，考虑工作人员的健康，可开发虚拟仪器进行报警。

2. 河南淮阳县新站镇牛营村养鸡场存在的问题

河南淮阳县新站镇牛营村养鸡场为散户饲养，虽然投资金额达 50 万元，对该农村地区的养鸡场场主来说是个不小的数字，但是仍然存在诸多严重问题。

（1）养鸡场的主人对规模化养鸡完全不了解。

（2）养鸡场的臭气与粪污未经过处理就直接排向大气及田地。

（3）湿帘端只有一个小的洞口，加之鸡舍过长，使得湿帘风机无法起到足够的降温作用，该鸡舍曾发生过鸡只热应激过大而死亡的事件。

（4）养鸡场主人依据感觉修建的鸡舍跨度和长度的取值不够合理，需要进一步改进。

（5）养鸡场几乎没有做合理防疫，当有流感侵袭，易造成较大经济损失。

（二）对策

结合在河南大用集团曹河乡养鸡场调研和实习的经历，我在调研河南淮阳县新站镇牛营村养鸡场并分析其问题后，向该养鸡场场主提出了一些解决方案，并在以下几点上达成共识。

一是将湿帘端的洞口加大，增大进风面积，提高散热效率。

二是考虑挖粪沟等对鸡舍内排出的粪污进行处理，减少污染排放。

三是环境因子检测设备更改为五点式布置。

四是对鸡舍加强防疫，入口处设置消毒间或消毒池。

五是在鸡舍上方悬挂塑料布时舍内风速加快，从而提高散热效率。

六是定时查情（如出现萎靡不振，减少进食量等），及时清除弱残鸡或将弱残鸡进行小笼饲养。

七是可开发利用低成本虚拟仪器在夜晚进行报警，减少人工守夜。

关于农村人口老龄化问题，我想，网络的普及和经济全球化使农村的新时代年轻人发现了外面的世界、了解了外面的世界，进而对外面的世界产生了探索的欲望。这是农村年轻人口外流的重要原因之一。

当然，更多的人走出农村并不代表这个乡村的衰落，而是乡村发展到了一定阶段出现的正常现象，是一个质变的阶段。人们愿意追求美好的生活，并愿意为之做出努力以寻求改变，这是一种正常的且积极的行为。城镇化比例会逐渐增长并且趋于稳定，当城镇和农村的发展达到一种较为平衡的状态，生活在城镇还是农村就源于人自己的选择了。

未来的农村不能止步于传统的作物生产和农业养殖，发展机械化、智能化的生产已经迫在眉睫。机械化和智能化能够带来更高的工作效率。目前从事农业的人群多为农村的中老年人，特别是中老年妇女。农村确实迫切需要有知识有才能的年轻人。但是我想，农村的发展与变迁，从某种程度上来说，是一种必然趋势，这代表着进步和发展。

能够给热爱农村的年轻人以更好的生活条件、更丰富的生活保障、更稳定的生活状态，让其在生活无顾虑的情况下，建设农村，投身于农村，对农村的发展做出更大的贡献，是未来留住他们的一个重要方式。

三、致谢

感谢李保明老师、滕光辉老师、郑炜超老师、童勤老师、梁超老师对我在整个调研过程以及调研成果方面的殷切指导，老师们渊博的知识和实践经验让我更加深刻地认识到理论与实践相结合的重大意义。

感谢河南大用集团曹河乡养鸡场电工师傅雷叔叔，他对我在养鸡场的调研和学习提供了很多帮助，对我提出的各种问题均进行了耐心且细致的解答，让我对河南大用集团曹河乡养鸡场的建筑建设、环境调控和运营模式等方面都有了全面系统的了解，也对在课堂上学的专业知识有了更加深入的理解。

最后非常感谢我的爸爸妈妈、爷爷奶奶和弟弟，正是因为他们的支持、鼓励和帮助，我才能够顺利在河南大用集团曹河乡养鸡场以及河南省淮阳县新站镇牛营村进行调研。

参考文献

[1] 许瑞，陶顺启．夏季蛋鸡热应激的营养调控与鸡群的管理 [J]．养禽与禽病防治，2020，382（6）：39-40.

李　萍

赴夏津新希望六和有限公司实习报告

本次实习的目的在于通过理论与实际应用的结合，进一步提高自身的专业技能硬实力。通过个体与企业的融入，学会团队协作。通过深入一线生产生活，观察实际应用中设备的运行状况以及适用性，从而提高自身的专业水平以及综合素质。本次实习岗位为夏津新希望六和农牧有限公司（以下简称新希望六和）技术员。主要学习配怀、产房、保育育肥相关技术，了解各场的建筑规划设计及日常工作流程；负责进行日常管理和技术操作，能按技术操作规程完成生产的各项任务。实习期间先后在该公司 1 号养殖场、祖代母猪站、保育育肥场进行实习工作。在实际工作中不断将理论联系实际，积极学习和总结经验，提高了处理实际问题的能力，同时也获得了同事的认可及好评。

一、主体部分

（一）调研地点概况

新希望六和是一家朝气蓬勃的公司，公司立足农牧产业、注重稳健发展。公司业务涉及饲料、养殖、金融投资等，遍及全国。公司以"为耕者谋利、为食者造福"为使命，以"客户至上、挑战自我、奋斗者为本"为核心价值观，着重发挥农业产业化重点龙头企业的辐射带动效应，打造安全健康的大食品产业链，为帮助农民增收致富，满足消费者对安全肉食品的需求。

（二）调研方法

1. 一场一线配怀舍

配怀舍重中之重的工作便是进行母猪查情。目的是查出所有发情的猪只，掌握配种批次外的发情计划；掌握发情猪只发情周期，进行妊损鉴定。

明确查情目标猪只、设计好查情路线。日常查情对象是后备母猪、断奶母猪、返情母猪、空怀母猪等。一天查情两次，保证断奶母猪配种时间更准确，保证能及时发现发情的母猪。后备母猪首先需要进行诱情，挑选 1 头气味比较大的公猪在母猪前面进行诱情处理，应逆风向查情。鉴定细节需注意查看母猪是否试图与公猪进行接触，能被引诱并喜欢饲养员的按摩；人工进行压背操作时，出现静立反射，即"一看二压三按摩"。技术员首先双手按摩母猪的腹部靠近乳房位置且进行压背操作，诱使母猪发情。发情母猪外部特征会表现出静立反射、双耳竖立、不发出叫声；外阴出现明显红肿且内部分泌少量黏液。确定发情母猪后采用海波尔标记法进行标记。上午采用绿色或蓝色蜡笔，下午采用红色蜡笔。

在确定母猪发情之后需要对发情母猪进行配种。断奶母猪上午发情下午配种，下午发情下午配种。每日的查情不仅是为了确定发情的母猪数量，也是对病弱猪的及时标记，以便制订治疗和配种计划。

擦拭干净后插入输精管。以子宫内输精法为例，扯破外包装时，海绵头不能接触任何东西。将润滑液挤在海绵头上，双手轻柔撑开阴户，斜向上 45° 插入母猪阴道，目的是避免输精管插入母猪尿道。注意内管要完全收在外管内部，防止插入时划伤生殖道。当输精管向外拉出有一定的阻力时，插管到位。3~5 min 母猪放松后插入内管。将精液袋缓慢摇匀后排出空气插入输精管，输精时匀力挤压精液袋，不可过度用力，可通过按压母猪后部来促进子宫收缩。输精完毕将输精管对折，套入精液袋，目的是防止精液倒流。3~5 min 拔出输精管，核查有无精液倒流、出血等异常情况，并进行记录。如果发生精液倒流需重新输精，作业完毕回收垃圾，防止生物污染。

配种完成的母猪需要在配种 18 d 后进行返情检查。如果出现返情现象需要再一次进行配种处理，再返情再配种。两次之后就不再进行输精处理，将其调栏确保同一批次的母猪能够同时分娩进入产房。在配种的 28 d 需要对配种完成的母猪进行孕检，孕检的主要形式为 B 超检查，B 超的位置放置在倒数第二个乳头上方最薄的皮肤处为宜，确定母猪是否受孕。

2. 祖代场产房

产房的工作主要是围绕母猪的生产和仔猪前期保育展开。

待产母猪上床前的准备包括对舍内空气进行通风换气，调节好温湿度；铺上保温垫，检查料槽以及母猪水嘴是否无损坏并调节料筒刻度；记录待产母猪信息。上床完毕后母猪围栏中悬挂烤灯，烤灯悬挂于距离栏位两指的位置，高度低于母猪的限位栏，目的是保证出生仔猪的温度不会过低，保证仔猪的成活率。

仔猪 14 d 时进行转群。统计每一栏仔猪的数量，将母猪、公猪做好标记。方便仔猪转群完毕后，妊娠后期进行母猪转群。而后对舍内进行冲栏消毒。冲栏前将烤灯收起，清理残料，方便下一步的冲栏作业。用高压水枪进行冲栏，2 d 内完成。冲栏需要将粪道料道全部清理干净，结束之后需要将空舍放置一天半的时间并对整个单元进行火焰消毒，重点是母猪的限位栏以及仔猪保温垫。

3. 保育育肥场

在保育场中日常工作内容主要是母猪初诱、猪只的免疫治疗等。实习工作中发现较多猪只咬尾咬耳以及刚进场仔猪腹泻拉稀的症状。对于仔猪的咬尾咬耳现象需要在圈舍中找到咬尾咬耳的仔猪并将该仔猪挑出，对被咬的仔猪进行救治。救治的主要方法为碘伏擦拭，酒精消毒。断奶仔猪初进场可能会"水土不服"表现出腹泻拉稀的症状。对于仔猪的腹泻需要在每天的巡栏过程中找到腹泻仔猪做好标记，方便进行统一治疗。保育场每隔一段时间都需要对猪只进行一次全方面的免疫注射，主要防控的疾病为蓝耳病、圆环病毒病、支原体病、伪狂犬病等。

（三）调研结果

1. 高门槛、低效益

畜牧养殖业的规模化、集约化程度在不断提高，其投入成本也在大幅度增加。其中基建费用、环保配套设施成本、员工工资等费用都随着社会的发展有不同程度的增加。对今后想进入畜牧养殖业的企业或个人的要求越来越高。此外，高成本的投入，在一定程度上会导致养殖业利润的降低。

2. 畜牧养殖人员文化水平低

大多数养殖人员没有学过全面的有关养殖方面的知识，没有接触过高科技产品。知识水平有限，会导致对养殖技术理解不透彻。许多养殖技术需要使用高科技，在推广时要当面示范，这导致科学的养殖技术不能取得很好的推广效果，一定程度上会阻碍现代化畜牧养殖的发展。

在未来的养殖业中互联网的作用将逐渐突显，并快速进入数据化时代。用计算机来记录每个生产环节的生产数据，为生产提供参考、记录产品信息、销售情况及消费者的信息等。娴熟的计算机技能将是未来畜牧养殖业管理者必备的技能之一。以养猪为例，今后猪价周期变动不再是随着个体养猪利润的变化而变化，而是根据母猪产能的最大化来变动，母猪产能的最大化会在一定程度上影响猪价的周期。现在的畜牧业有足够的产能来满足人们生活的需求。

农民对互联网和手机方面知识需求大，但是不愿意投入；农民对可视化的培训形式和教材需求较大，但迫于生产压力，人员集中培训难度大。政府、企业等可以将手机应用技能与农民切实相关的生活、生产相结合进行培训。

二、问题与对策

结合本次专业实习的调研，我认为带动基层农民的发展，一方面可以利用当地的特色结合农村电商等手段，因地制宜促进农村经济的发展；另一方面可以尝试利用"企业+代养农户"的模式，由企业创建平台，通过平台向基层农户输送相关知识以及技术、人员辅导等。

目前，新希望六和已经开发了聚宝猪、卓越营销、猪盈利、养殖帮等多个信息化平台或软件，主要目的是借用信息化手段帮助养殖户节约成本，为养殖户提供定制化的技术服务，提高场区生产效率，提高养殖户生产效益。

（一）点对点推广

由于推广对象为家庭农场型的畜禽养殖户，而大部分夫妻都要亲自参与场区生产管理，难以组织集中培训。因此，可由公司业务销售人员和技术服务人员到养殖户家中进行一对一讲解推广；另外，公司积极通过行业展会进行推广宣传，对参展人员进行一对一讲解培训，以此期望能让行业更多的人了解和使用这些信息化平台。

（二）集中培训

对于公司合作的养殖户和经销商，公司依托集团在全国设置 500 多个教学点的优势，以集中会议的形式组织培训，聘请农业专家和技术实战专家进行授课，开展体验式培训，重点从电脑和手机的基本操作及网络技能，运用相关 App 进行网上买卖、销售、数据录入和分析等，实现农民利用手机收集和获取各类信息，并掌握物联网数据录入分析，享受移动互联网带来的便利。通过培训，让学员学会利用智能手机获取生产信息、市场信息，开展网络营销、普及物联网设备，实现智能生产、实行远程管理，解决农民农业生产的产前、产中、产后问题，实现信息化手段在农村的普及，推动农业发展。

三、致谢

一个多月的时光如白驹过隙，生物安全下的猪场生活就如与世隔绝一般，但也让我学会去思考去沉淀。在这里我不仅结识了一群优秀的朋友、一群经验丰富的同事，也学习到了很多专业以外的知识，包括猪的生物生理知识，饲养习惯以及动物用药等。深入畜牧一线的经历让我学习了现代化养猪场的实际规划以及设备在实际应用中的运行情况。这次实习给了我一次将课堂知识应用到实际工作、生活中的机会，也给我带来了很多新的思考。

最后，特别感谢新希望六和提供的实习平台，感谢李博、王秋、王祎、赵冠男等的倾心组织。感谢 3 位场内师傅——郭全宝、卢林俊、王守康以及校内专业指导老师们的教导。感谢一场、祖代场以及后备场同事们的指导和照顾。

清风听芳华，莫负芳华。

周　玲

江山市猕猴桃产业发展现状与设施栽培模式构建

近年来，浙江省衢州市江山市猕猴桃产业得到较快发展，种植面积、销售量逐年稳步增长，"江山猕猴桃"区域品牌不断打响，已成为全国猕猴桃知名生产基地和南方最大猕猴桃集散交易中心，但同时产业又面临竞争激烈、不进则退的潜在危机，存在的一些问题逐渐显露，迫切需要认真研究，科学应对。

借助此次调研机会，我走访了浙江省衢州市江山市特色种植业推广中心以及神农猕猴桃合作社基地，通过实地走访、与工作人员、农户交谈，发现产业中存在的一些问题，并聚焦其中几点，查阅相关资料提出建议，希冀能对产业的健康持续发展起到助推作用。

一、江山市猕猴桃产业发展现状

（一）调研地点概况

1. 基地发展势头强劲

江山市是全国十大猕猴桃主产区之一，是华东地区最大的猕猴桃商品化生产基地。目前全市已形成了塘源口乡、张村乡、碗窑乡、峡口镇、廿八都镇、上余镇、长台镇、石门镇"三乡五镇"为核心的猕猴桃种植基地，面积达 2.62 万亩，2018 年实现销售额 8 亿多元。

2. 品牌知名度不断攀升

江山市于 2001 年被命名为"中国猕猴桃之乡"，2010 年被评为中国猕猴桃无公害科技创新示范县。江山猕猴桃自 2005 年以来每年获评浙江省精品水果展销会金奖，2015 年获"江山猕猴桃"地理标志证明商标，"江山猕猴桃""申花"等商标具有较高知名度。每年约有 2 000 多万盒印有江山标志的猕猴桃产品销往全国各地，成为提升江山知名度的有效载体。

3. 销售市场活力充沛

全市现有猕猴桃销售实体店 300 多家，其中农贸城、环城西路集中了大多数猕猴桃店铺。全市现有固定网络销售猕猴桃的网店、微店超 500 家。每年 9 月猕猴桃上市季节，微信上季节性从事猕猴桃销售人数达几千家，江山猕猴桃在江浙沪一带得到了市场的高度认可。

4. 经营主体专业化

成立猕猴桃产业化协会，引导松散经营主体向专业合作社发展。全市猕猴桃种植户 1 700 多户。规模较大的如江山市神农猕猴桃合作社，以"合作社+基地+农户+市场"的产业化经营模式吸纳社员 107 人，拥有猕猴桃基地 4 300 亩，精品基地 1 365 亩。

5. 提升拓展产业范畴

合作社以浙江省农业科学院园艺研究所为技术依托单位，开展猕猴桃优质高效安全技术示范推广，先后承担了浙江省猕猴桃标准化基地、国家农业综合开发特色园等建设项目，为猕猴桃产业发展打下了坚实的基础。开展农旅结合，将休闲观光等融入猕猴桃产业，增加农户收入；积极参加各类博览会推介江山猕猴桃，并举办猕猴桃开摘、尝新节等活动，提升猕猴桃文化内涵和文化价值，江山猕猴桃正在走向更大的市场。

（二）调研方法

实地走访江山市特色种植业推广中心以及神农猕猴桃合作社基地，通过与工作人员、农户交谈，分析探究产业现状以及存在的发展瓶颈。

（三）调研结果

1. 果实病害严重，果农安全意识不强导致果实农残超标现象严重

猕猴桃溃疡病是猕猴桃生产上的毁灭性病害，症状不明显，防治难度大，分析有以下几个发病原因：①近年来江山市早春时会出现连续多天的低温天气，致使猕猴桃生理活动减弱，免疫力降低，引发溃疡病的感染；②近几年大量种植的

红心猕猴桃，为易感品种[1]，农户们对其品种抗性及病害发生情况认识不足，一旦病菌侵入，溃疡病全面暴发，甚至发生毁园现象；③感病植株的再传播，病原菌随风雨、农事操作均可感染植株，植株间交叉感染严重。偶尔雨水大量冲刷，还会导致根系外露，增加致病风险[2,3]。

此外，由于猕猴桃病虫害影响逐年增加，部分种植户超量超标使用农药等投入品，导致果实农残超标。

2. 夏季高温天气，缺乏遮阳设施

夏季高温干旱会使猕猴桃根系的正常生理代谢受阻，植物体水分失衡，造成猕猴桃根系死亡、叶片焦枯、枝条萎蔫、果实日灼等现象。实际生产中多采用地表覆盖的措施，来保持土壤湿度，降低土温，改善猕猴桃根际环境，但同时覆盖法也存在易使果树根系引根向上、病虫害防治不便的缺点。

3. 现有大棚比较简易，利用率不高，缺乏高效配套栽培措施

现有猕猴桃种植多为露地栽培，也有部分农户在生产中应用大棚：一种是比较简易的避雨棚，投入不大，但起到的效用相应也比较小；另一种则是包括钢棚薄膜等在内的大棚，投入大，调控效果比较好，但其真正利用期也只有3—8月猕猴桃生长发育时，收获后整个秋冬的休眠期基本闲置，设施的潜在优势未能充分利用。

4. 劳动力老龄化严重，机械化水平低

种植猕猴桃的以老年人为主，机械化水平比较低，田间生产操作到位率低，以人工授粉为例，授粉时间为一周左右，而如果错过授粉时间或是授粉比较晚则会直接导致产量下降，猕猴桃生产成本增加，影响农户当年收入。

二、问题与对策

对于猕猴桃等喜光又不耐光的果树而言，适当的遮阴条件恰好适宜猕猴桃的正常生长，设施猕猴桃是今后的发展方向。目前关于适宜江浙沪地区设施栽培猕猴桃的试验研究报道非常有限，探索出一个适宜的设施栽培模式对于江山猕猴桃产业的健康持续发展具有长远意义。

我国的设施果树栽培兴起于20世纪80、90年代，设施类型以日光温室为主，塑料大棚为辅，生产模式以促早栽培为主，延迟栽培为辅。树种主要涉及草莓、葡萄、桃等，未来的果园作业将朝着机械化方向发展。

（一）猕猴桃机械化栽培工艺构建

由于猕猴桃树体高度在 1.5~2.5 m，多使用体形较矮、重心低、转弯半径小的机械。

1. 耕整地作业

50 马力（36.77kW）以上大棚王系列拖拉机挂载旋耕机，履带式行走系统结构适用于山区和丘陵地带，可配备起垄机，完成起垄工作，垄高 50 cm。

链式开沟机开沟施肥，底肥使用重视有机肥施入，对果树幼树的生长非常有利，促使根系健壮；基肥补充以有机肥为主，每年秋季结合深翻和开沟进行有机肥补充。

2. 灌溉施肥

应用水肥一体化微灌系统，根据果树需求，通过低压管道系统，将水和作物生长所需的养分以较小的流量，均匀、准确地直接输送到作物根部附近土壤。

3. 植保

采用果园风送式喷雾机，尺寸为 2 300 mm×800 mm×1 200 mm，雾滴尺寸直径在 200~300 μm（中雾），依靠风机产生的强大气流将雾滴吹送到果树的各个部位，并促进叶片翻动，提高药液附着率且不损伤果树的枝条。

4. 太阳能杀虫灯（物理植保技术）

杀虫灯产生特定光源和波长，利用害虫趋光、趋波、趋色、趋性的特性，引诱害虫扑向光源外围的高压电网进行触杀，害虫死亡后落入专用集虫袋内，从而杀灭害虫。

5. 授粉

采用国产授粉枪，以石松子孢子作为花粉稀释剂。

6. 果树修剪

果树气动短剪，不需要肌肉力量，动力由空气压缩机提供。

7. 枝条的利用途径

枝条还园，提升土壤肥力。

8. 果实采收

人工采收为主。

（二）适宜江山市的猕猴桃栽培大棚设计方案

1. 大棚设计

采用连栋薄膜拱形塑料大棚，棚与棚间东西向间距至少 2 m 以上，南北间距 4 m 以上。

种植株距 2 m，宽窄行种植，行距规格 1.5 m×3 m，雌雄植株种植比例为 15∶1。垄形确定如下：考虑大棚高跨比及农机作业，确定大棚栽培 2 垄，单栋跨度 9.5 m，顶高 3.8 m，肩高 2.4 m（高跨比为 0.147），长 40 m。大棚结构为焊接式钢结构，一般多采用以钢筋棍为主的三角断面空间拱形桁架或上下弦为钢管的平面桁架结构。在较低建设成本的前提下，有效地提高了大棚跨度、抗风雪能力、耐锈能力（图 1、图 2）。

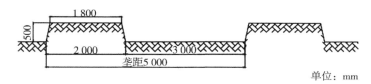

图 1　猕猴桃栽种垄形图

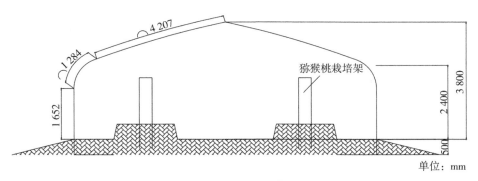

图 2　大棚剖面示意图

采用南北为长、东西为宽的方位建造，这样建设的大棚光照分布均匀，受光量较东西向为长的棚采光好，据生产实践高 5%~7%，白天温度变化比较平稳，抗风能力较强。

棚内排灌沟系配套，铺设滴灌带（水管）2 根。用水泥柱子和铁丝搭建平棚架，架高 2 m，每隔 6 m 设支柱，全园支柱呈正方形排列。支柱全长 2.8 m，入土 80 cm。

此外，考虑到设施宜机化方面，将大棚两端改为中间两扇推拉门，在推拉门两侧各有 1 个可拆卸活动门的结构，推拉门洞宽度为 1.5~2 m，高度不低于 2 m，便于日常管理人员进出作业，在作物倒茬和农机作业季节，可将中间两扇推拉门和两侧两个活动门同时卸下，便于机械进出和循环作业。还应将行间距拓宽，留出足够的作业空间，配套机械化设施。

2. 大棚的调控模式

早期利用大棚的保温覆盖预防"倒春寒"，同时阻断早期溃疡病通过雨水的传播途径[4,5]。

5 月中旬猕猴桃坐果后，打开棚室两侧放风口，降低设施内温度，同时减小风速对猕猴桃造成的机械损伤。可在放风口下设置缓冲膜，避免放风时冷空气直接吹到放风口下的蔬菜。

6 月梅雨季利用顶棚进行避雨栽培减少病害传播，7 月加盖黑色遮阳网减弱光强，降低温度，入秋后去掉遮阳网[6]。

3. 薄膜的选择

（1）普通 PE 膜，质地轻、柔软、易造型、透光性好、无毒，适宜做各种棚膜、地膜，是我国当前主要的农膜品种。

（2）PO 膜，近几年发展的新型薄膜，其透光性、持续消雾、流滴性、保温性等在棚膜中处于领先地位，性价比较高，具有推广前景。

（3）转光膜，添加转光剂将紫外线以及植物不吸收的绿光都转化成促进生长的红光和蓝紫光，提高植物对太阳光的光合利用效率，实现作物提早上市和产量增加的效果，价格稍高[7]。

4. 大棚猕猴桃高效配套栽培

一般分两个时期：一是 10 月至翌年 3 月，即在猕猴桃休眠期进行套种蔬菜、草莓、食用菌、豆类植物等，用提高土地复种指数来增加效益；二是在 3—9 月的猕猴桃生长旺盛期，利用蔽荫效应在猕猴桃架下复式栽培耐阴经济作物，利用不同层面的生态效应来增加收益。

5. 小结

从设施果树栽培的角度入手，设计了一套适合江山市猕猴桃种植的设施栽培模式，包含栽培工艺、大棚参数以及调控模式等，能够有效改善猕猴桃生长微环境。此外，设计大棚时也考虑到农机农艺的融合，采取了两端宜机化、行距增大等措施，便于农机内部作业及出入。

猕猴桃作为我国的新兴水果产业，喜光而不耐光的特性适宜在棚内生长，未来猕猴桃规模化设施栽培将具有很大应用前景，但仍有一些问题需要注意，大棚设计以及栽培工艺都需要有针对性，是建立在对种植品种、地理条件等多方因素理解的基础上的，修订适宜不同地区的标准化设施结构与建造的标准，并且还需要配备定期的监管检测，以防止大棚倒塌的情况出现。

三、致谢

本次实践周期较短，对于问题的认识还不够全面，提出的设施栽培模式也是基于前人对相关问题的分析，缺乏实践的考究，但总体而言是一次有益的尝试，为猕猴桃的种植模式开辟了一个新思路，希望可以为江山市猕猴桃产业的发展添砖加瓦。在调研的过程中也很感谢老师们以及农业农村局工作人员的帮助，为我指明探究的方向，也对问题的解决提出了很多建设性的意见，感恩有这样一次特别的经历。

参考文献

[1] 施春晖，骆军，王晓庆，等．'红阳'猕猴桃设施栽培与露地栽培比较研究 [J]．上海农业学报，2014，30（6）：24-28．

[2] 冀向海．设施果树栽培研究现状及存在问题 [J]．现代园艺，2018（10）：186．

[3] 闫宝荣，刘原．广元市猕猴桃溃疡病发病原因及综合防治 [J]．陕西农业科学，2020，66（6）：91-93．

[4] 马利，尹勇，封传红，等．四川省猕猴桃溃疡病发生现状及绿色防控技术体系的建立 [J]．中国植保导刊，2017，37（11）：80-83．

[5] 付博，王家哲，任平，等．猕猴桃溃疡病田间快速检测技术优化 [J]．西北农业学报，2020（9）：1-6．

[6] 刘晖．设施果树栽培技术实施要点 [J]．现代园艺，2020（2）：22-23．

[7] 刘杨，刘琪，卫慧波，戴军，何文清．转光膜对草莓生长及品质的影响 [J]．中国蔬菜，2019（9）：62-68．

周 飒

武强县农业农村局
实习工作报告

今年暑期有幸到我的家乡河北省衡水市武强县农业农村局实习 3 周。县农业农村局拥有如下主要职能。

一是统筹研究和组织实施全县"三农"工作的发展战略、中长期规划、重大政策。

二是协调推动发展全县农村社会事业、农村公共服务、农村文化、农村基础设施和乡村治理。

三是拟定县级深化农村经济体制改革和巩固完善农村基本经营制度的政策。

四是负责全县乡村产业、农产品加工业和休闲农业发展工作。

五是负责全县种植业、畜牧业、渔业、农业机械化等农业各产业的监督管理。

六是负责全县农产品质量安全监督管理。

七是负责全县农业资源保护、开发与利用。

八是负责有关农业生产资料和农业投入品的监督管理。

九是负责农业防灾减灾、农作物重大病虫害预测预报及防治工作。

十是负责农业投资管理。

十一是推动农业科技体制改革和农业科技创新体系建设。

十二是负责农业农村人才工作。

十三是牵头开展农业对外合作工作。

实习期间不仅学到了基本的工作技能，同时也全面了解了我县农业发展情况，亲自下乡参观、考察、调研，发现问题、分析问题、解决问题，通过此次实习以及下乡调研，了解到我县农业发展迅速，农业发展还是非常先进的，积极落实国家的每一项政策，例如，"厕所革命"在各乡镇如火如荼地进行着。同时也在响应着国家的农业改革政策，例如，下面将要提到的聚碳公司的成立就向着绿色农业、清洁农业更进了一步。通过这几周的实习，我了解到局里同事按质按量落实上级的通知，并下达到各村各户，正是县里积极落实政策、积极扶贫、积极发放资金用于农业生产和发展，我县的农业才发展得如此迅速。

一、武强县农业农村局实习工作

进入农业农村局第一天是跟着同事了解县里面的具体情况，我被分配到扶贫办公室和新能源办公室，扶贫办公室主要是产业扶贫，第一天我跟着产业扶贫的同事一起办公，恰逢科室同事在撰写县级扶贫报告，我负责查阅档案、资料，我主要负责的是近3年来花生亩产量和奶牛亩产量的数据查找。通过3年数据的查找及分析，我发现3年内县花生种植产量逐年下降，究其原因，考虑到可能是病虫害问题。第二天，植物保护科室的同事就去下乡调查病虫害问题，科学指导农民有效防治病虫害。正是专业人士不辞辛苦地帮助农民、指导农民，科学地进行农业技术指导，才更有利于提高产量，发展农业。

第二天恰巧新能源科室的同事去市里开会，我随同事一起去了。听了同事的报告，我了解到我县最大的粪污利用沼气发电的公司——河北聚碳生物科技有限公司（以下简称聚碳公司），是一家从事生物质能沼气生产、发电、提纯、有机肥生产、沼液资源化利用以及固体废弃物无害化处理的第三方治理机构（图1）。公司已完成一期投资7 800余万元，并于2017年12月31日正式并网发电，成为河北省首个规模化奶牛养殖业沼气发电并网工程。河北聚碳生物科技有限公司项目二期工程项目规划总投资19 895.31万元，建设沼气厌氧发酵罐2座、发电机1台、北固液分离车间1座；配套牛床垫料再生系统设备，建设北收集池1座；沼液循环利用设施配建中转储存设备以及沼液输送主要管道，配套支管、滴灌、喷灌及输送泵等设备。公司主要利用粪污发电，利用沼渣铺设牛床垫料，部分沼渣和沼液以有机肥的形式发放给各乡镇贫困农户，公司也以此作为一项扶贫计划：每年向每户免费提供使用两季液体肥和固体肥各5 t，其中液体肥每户免费使用1 t，每吨按2 000元计，固体肥每户免费使用4 t，每吨按500元计，每年贫困户发展农业种植时在肥料上可以节省不少。由于我本人对聚碳公司的发展有着强烈的兴趣，当天下午与聚碳公司负责人取得联系，计划之后两天到公司实地调查，主要围绕公司经济效益（即新能源产生的经济效益）以及粪污处理流程开展调查。

图 1　聚碳公司粪便循环模型

第三天上午收集整理了相关档案，对聚碳公司有了更加深入的了解，对不懂的问题及时查找资料，解决问题。下午与聚碳公司负责人王主任取得了联系，核实了一些在计算经济效益过程中需要使用到的数据，并及时进行了修正，之后通过该公司的实际情况：近 3 年发酵原材料总量、年产沼气量、年投资额等数据进行了年平均经济效益的计算。我发现前两年情况相同，2020 年产气量有了显著提高，经济效益也在提高，说明该项目在我县取得了一定的成绩。2020 年以来，所有的沼渣全部用于铺设牛床垫料。

第四天，随同事下乡（图 2），参观了聚碳公司这个河北省清洁能源标杆企业，该公司依托于蒙牛集团，以此为契机，建立了整套循环农业。牛场粪便、厨余垃圾、奶厂废水等废弃物进入厌氧池进行存储、沉淀（将部分沙砾沉淀），之后进入预处理车间，然后进入厌氧发酵罐进行发酵，产生的气体进入脱硫车间和脱硫罐进行脱硫处理，然后将较为纯净的气体储存到储气罐，按需发电。在发酵过程中产生的沼渣沼液进入固液分离车间，用脱水技术将沼渣分离，用于牛的卧床垫料，以此循环，而沼液则用作玉米的肥料，该玉米的秸秆用作牛的饲料。其他废水经过调节池、厌氧池、好氧池、二沉池，最终进入清水池，用作秸秆的浇灌。

图 2　与同事在聚碳公司调研

之前都是理论学习了解到的四位一体农业循环模式，等实地考察到了，真的感觉农业发展很迅速，也很完善，这次的参观学习让我感到很震撼，对于家乡的农业发展如此迅速、完善感到震撼。

在与公司相关人员的交谈过程中，我了解到，公司对于沼气转换成热能这方面做得还不够完善，若能转换成热能，可以将部分沼气转换成地热能用来供暖。另外，就是在废水处理过程中，最终处理的水颜色偏黄，仅能用于玉米的浇灌，但是水量太多用不完造成浪费，公司希望提高技术，将废水处理成纯净水用于更多的用途。水肥一体化的完美构想目前还无法在公司实现。接下来我会细化公司各个阶段的工艺流程，对于出现的不足查阅相关资料，与公司人员继续沟通交流。

第五天，对前一天参观考察时拍摄的照片进行整理（图 3、图 4），对考察的录音笔记进行整理总结归纳，对公司出现的问题以及自己遇到的问题自行搜索查阅。涉及非常专业的知识我还是有点模糊，请教了科室内的同事，他们的实践经验非常丰富，给我很大的启发。还有一些实际问题，需要向公司负责人直接请教。虽然我在理论中学习中了解过循环农业，而且在 2019 年农建大赛做过"四位一体"循环农业的模式，但是远远没有想到实际情况与理论计算差距如此巨大。

图 3　聚碳公司内部场景

图 4　制作牛床垫料车间

二、问题与对策

第二周实践的重点细化到沼液的综合利用。存在的问题如下：沼渣沼液的利用率低，仅占 30%、转化成热能的技术不完善、污水处理工艺不完善、水肥一体化技术不够成熟（图 5）。

经过第一次汇报，老师对我的思路进行点拨后，我决定将重心聚焦到自己最感兴趣也较为熟悉的沼液综合利用问题上。

沼液的综合利用，整体利用原则是减量化、资源化、无害化、生态化，沼液的几大用途主要体现在种植、养殖以及作物病虫害防治方面。我又参考了老师的意见，查阅了沼液浓缩技术，其根本技术在于超滤膜技术、纳滤膜以及反渗技术，经实验显示猪粪浓缩沼液配制的无土栽培营养液种植的作物产量有明显提

172

图5　沼渣利用提醒标识

高，因此，沼液浓缩是一个不仅能废物利用，而且能提高产量的新型模式。沼渣的利用体现在更多方面，制作有机肥、制作饲料喂鱼、栽培蘑菇、用作改善土质成分等。

养牛沼液是牛场粪污等有机物经厌氧发酵产生 CH_4 和 CO_2 等气体后的残留液。养猪沼液具有 COD 高、氨氮高、TP 高的特点，沼液中富含氮、磷、钾等大量元素和铜、铁、锌等微量元素，还有各种氨基酸、维生素、水解酶、植物激素以及病虫抑制因子等物质。因此，可以应用到种植业、养殖业等多个领域。

发酵后剩余的沼渣可加工成固体沼肥提供给农户或花卉市场。沼渣经过烘干，压制成颗粒后即可定量包装，它是理想的有机肥料。也可作农业用底肥，以增加长久的土地肥力及改善土地结构等，可将产生的沼液灌装成定量包装的浓缩肥料售与农户。发酵后的沼液经过 3 道过滤再灌装，即可混水浇灌。沼液为中性，适用范围很广泛。而且，利用沼气发酵液浸种，是近年来开发的一项农村实用新技术，也是发挥沼气发酵系统多功能效益的重要途径之一。除此之外，还有灌根、叶面喷施、改良土壤，这些都可以应用到聚碳公司种子玉米秸秆上。可以用以上方法对种植的玉米进行灌溉。

除此之外，为了更大限度地提高沼液的产出量，我收集了 3 种方法：氨氮提取回收技术、膜分离技术、超滤膜技术。膜分离技术是近年来比较热门且先进的一种方法，膜处理技术是一项成熟的水净化技术。沼液中单位体积养分含量低，储存、运输成本较高，随着膜分离技术的发展，可通过这项技术获得高浓缩液体有机肥以实现高值化利用。沼液经膜浓缩处理后，有机肥营养成分浓度可明显升高，重金属含量低于国家规定的安全标准，主要大分子有机物为腐殖酸和氨基酸。采用生物基滤料和膜浓缩一体化技术可以达到有效保留营养物质并去除大分子污染物的目的，也能为后续浓缩减轻膜污染负担。

联系实际情况，膜分离技术提高浓缩液体有机肥的方法最适合于聚碳公司。因为该公司每天的废水量很大，氨氮技术适用于小型畜牧场。

下一阶段目标就是看如何将膜分离技术与实际完美结合，提高产沼量，也通过其他方式综合利用沼液，真正实现资源完全利用。"种养一体化"实现了养殖废水、沼渣沼液经过无公害处理后用于种植业，构建了一种立体、循环的生态农业模式，可显著改善生态农业经济，合理利用农业资源、保护生态环境。石鹏飞等分析了沼液-有机肥-蔬菜种植等循环链，系统间物质循环减少了环境污染，证实了沼液多级处理的生态经济效益。

养猪沼液高值化利用发展进程中，要更多关注沼液成分的波动情况和影响因素，对沼液成分控制进行深入研究，将沼液的传统处理方法与高值化综合利用处理技术结合起来，实现养猪沼液梯度处理及多级资源化利用。可首先考虑回收大部分氮磷元素，再通过微藻培养、水培蔬菜、鱼类养殖等方式构建一个能量循环自供的良好生态体系，形成"生物固碳-废水深度净化-微藻生物质生产-水培蔬菜栽培-鱼类养殖"耦合系统，实现经济效益的进一步延伸，以期形成运行良好的循环农业产业链。

第二次汇报后，李明老师的建议点醒了我，他说沼液本身就是副产物、废弃物，我们需要的是降低沼液的产出量，因此我稍微改变方向，将调研重点放到如何将沼液进行净化的方向。

我按照废水排放的标准，参考其他工艺流程，重新制作了一份废水净化流程：沼气池→UASB→好氧池→二沉池→集水池→化学除磷池→集水池→MBR→清水池。MBR 膜反应技术，由于膜的过滤作用，生物被完全截留在生物反应器中，实现了水力停留时间和污泥龄的彻底分离，污染物去除率高。它的优点是出水水质好、稳定性高、占地少、膜生物反应器操作维护简单、膜生物反应器污泥储水费用低。

牛粪发酵沼液首先进入气浮设备通过浮选去除水中的细小悬浮物和胶体，气浮设备出水进入水解酸化池厌氧反应，酸化池出水进入接触氧化池，在曝气的状况下去除水中的绝大部分 COD 和氨氮，接触氧化池出水进入初沉池进行泥水分离，初沉池污泥通过回流进入接触氧化池或者排入污泥池，初沉池出水流入后面的兼氧池，在兼氧池通过反硝化作用去除废水中的硝酸盐等物质去除总氮，兼氧池出水进入二级氧化池及膜反应池，在通入空气的情况下膜反应池通过微生物的作用去除水中的 COD 和氨氮，二级反应池出水自流进入絮凝沉淀池，通过加入絮凝剂去除水中的总磷和悬浮物。为了保证出水效果，絮凝沉淀池出水经提升进入过滤器，在滤料的拦截和吸附的作用下出水的有污染物和悬浮物，过滤器出水经消毒后达标排放或回用。不仅可以用于玉米地的浇灌，还可以用于牛场的饲喂。拟达到的最终排放结果如表 1 所示。

表 1   处理后沼液拟达到的最终排放结果

名称	CODcr	BOD$_5$
沼液浓度	5 000	1 500
UASB 出水	1 000	300
去除率/%	80	80
好氧出水	100	30
去除率/%	90	90
化学除磷池出水	80	24
去除率/%	20	20
MBR 出水	16	4.8
去除率/%	80	80
总去除率/%	99.7	99.7
排放标准	≤50	≤10

农业的发展离不开科学技术的支撑，如今社会已经进入了新时代，仅仅依靠旧的农业劳作方式是不行的，必须利用先进的方式指导农业生产。如今国家大力提倡节能减排，农业废弃物就是非常巨大的污染源，而将农业废弃物进行发酵处理，不仅减轻了环境污染，还能废物利用生成更为有价值的沼气、沼渣和沼液。

孙诗冉

关于西北岔经营所的
木耳产业调研

东北地区由于昼夜温差大，以及当地的资源较好，木耳品质极佳，产量也极高。2012 年，牡丹江被国际食用菌协会授予了"世界黑木耳之都"的荣誉称号；2007 年，中国食用菌协会授予牡丹江市"中国食用菌之城"之称。黑木耳产业一直都是牡丹江地区的重要产业，为全市农业的快速发展和农民收入持续增长做出了突出的贡献。

本次调研地点在黑龙江省牡丹江市穆棱市穆棱林业局西北岔经营所。我于 2020 年 8 月 24 日至 9 月 11 日进行了调研。调研目标是通过访谈与观察的方式，了解目前当地的种植历史、种植规模、种植方式；调研当地菌农收入；了解当地产业结构。发现目前存在的问题，找出解决办法，提高菌农的收入。

一、西北岔经营所木耳产业现状

（一）调研地点概况

西北岔经营所位于黑龙江省牡丹江市，当地木耳种植历史较久，最早可以追溯到 20 多年前。由于地处林区，木材资源丰富，为种植段木木耳提供了原料，但随着相关政策出台，不允许再砍树，因此改种菌袋木耳。当地的菌袋木耳种植方式有两种：地栽木耳、挂袋木耳。

全所种植菌农达到 100 余户，黑木耳种植是当地经营所职工的重要收入来源，黑木耳收入已占职工总收入 80% 以上。

（二）调研方法

主要采用现场走访、人物访谈的调研方法对当地菌农进行调研。调研内容有关于种植方式选择原因、个体种植规模、收入等。

（三）调研结果

1. 种植方式

目前当地种植方式以地栽木耳为主，挂袋木耳为辅。调查过程中菌农对于两种种植方式的态度如下：①认为挂袋木耳比地栽木耳更挣钱；②挂袋木耳在温度与湿度控制上存在难度；③挂袋木耳在成熟期，孢子会飞满大棚，如果防护不当会对呼吸系统产生不好的影响。

当地菌农了解到挂袋木耳作为一种更先进的生产方式，可以用更少的劳动为他们带来更高的收入。目前正处于由地栽木耳到挂袋木耳的转型阶段。在随机调查的21家菌农中，14家菌农均表示愿意采用棚室挂袋方式种植。

其中不愿意采用挂袋方式种植的菌农原因如下：①大棚管理难度大；②大棚初期投入大；③木耳价格波动，最终收入可能与地栽差不多；④种植习惯问题，运用地栽方法种植多年，不习惯更改。

2. 菌农收入

在调研过程中，采用地栽方式与挂袋方式种植的菌农之间的收入悬殊，调研的一家挂袋菌农4万袋可以赚取净利10万元，而一家地栽菌农7万袋净利7万元。

即使采用同种种植方式，菌农与菌农之间也因为管理水平等差异造成收入的巨大差距。调研的另一家地栽菌农，5万袋净利3万元。原因是操作不当，感染了杂菌。因此造成菌农之间收入差距的原因主要是两个方面：第一，种植方式的区别；第二，管理水平的差异。

以下表1、表2拟对360 m^2 大棚挂袋木耳收益以及360 m^2 地栽木耳收益进行比较。

表1　360 m^2 大棚挂袋木耳收益

支出项目	支出金额/元	收益项目	收益金额/元
建造设施成本	15 000	春木耳/（60元/kg）	90 000

（续表）

支出项目	支出金额/元	收益项目	收益金额/元
地租	250	秋木耳/（66 元/kg）	49 400
春季菌包与人工费用（3W 袋）	54 000		
秋季菌包与人工费用（15 万袋）	27 000		
总投资	96 250	总收入	139 500
		净收益：43 250	利润率：44.9%

数值来源：询问当地菌农的价格、互联网上相关文献、惠农网数据。

由于秋木耳温度是由高转低，按春季密度挂袋会导致木耳耳背长白毛，因此秋木耳密度为春木耳的一半。

表 2　360 m² 地栽木耳收益

支出项目	支出金额/元	收益项目	收益金额/元
生产设备	970	春木耳/（50 元/kg）	12 500
地租	250	秋木耳/（60 元/kg）	15 000
春秋菌包与人工（各 5 000 袋）	21 250		
总投资	22 470	总收入	27 500
		净收益：5 030	利润率：22.4%

可以得出结论：在管理得当的情况下，挂袋方式带来的收益远高于地栽方式，因此想要提高菌农收入，推广挂袋技术是关键。

3. 当地产业结构

当地做菌大户投资 100 万元，开办菌包厂，菌农自行购买原材料去菌包厂做菌后进行种植，采收之后的黑木耳由当地企业上门收购。收购企业销售主要以粗加工产品为主，产业链条短、附加值低，导致产业总体效益不高。目前西北岔经营所所处的穆棱市也正在通过以下做法解决这个问题。

（1）打造自己的品牌　当地现有木耳品牌，例如"悬羊砬子""瑶阳羽""龙穆耳"等。

（2）电商平台　在与互联网结合上面穆棱市供联食用菌科技推广服务公司

入驻黑龙江绿色食品网上商城、邮乐网、淘宝网、乐村淘。

（3）深加工 当地的招商局也挂出了木耳深加工的项目。

（四）调研结果总结

在调研过程中发现西北岔经营所的黑木耳种植产业存在以下问题。

1. 技术推广慢，生产水平落后

通过查阅当地政府发布的新闻得知，因为采用传统的地栽摆放方式，很占用土地资源，从 2015 年 12 月，就开始尝试推广棚室挂袋种植。但是迄今为止，当地大部分菌农仍继续采用传统的地栽方式进行种植。

2. 劳动强度大，劳动力雇用价格高

因为当地仍采用地栽方式种植，摆放密度低，因此同样的菌袋数目，在采收时需要更多的工人进行采摘。在采摘时，工人需要全副武装，即使在炎热的天气，也要穿着长衣长裤，戴好口罩做好防护，而且劳动强度很大。当地菌农与工人采用按劳分配的方式，工人自己采摘的木耳晒干之后按价格的一半作为工资发给工人，即使如此，当地也存在着工人难求的局面。而且，如果仍采用地栽木耳的方式，因为这种工资发放制度，菌农也没有办法减少雇用工人的费用。但是当采用挂袋方式种植的时候，因为菌袋密度大，采摘起来更容易，所以雇用劳动力的费用会减少。

3. 废弃菌袋直接丢弃，造成环境污染与资源浪费

当地木耳种植后的废弃菌袋直接丢弃，这在一定程度上造成了环境污染和资源浪费。

目前，牡丹江地区在食用菌成熟采摘后，主要采用以下方式对菌袋进行二次利用。

（1）当作燃料使用 废弃菌袋由菌农回收，当作生产、取暖的燃料或由大型厂家对废弃菌袋集中回收，用于生物质发电，以及造粒压块生产固体颗粒当作环保燃料。

（2）直接还田做肥料 废弃菌袋中的菌糠含有丰富的有机物，直接还田后，可形成具有良好通气蓄水能力的腐殖质，对改良土壤，提高土壤肥力作用明显。

（3）二次深加工处理 废弃菌袋主要成分为高密度聚乙烯，回收后生产再生塑料颗粒；废弃菌袋中的菌糠处理后，生产炭棒、活性炭、蚊香粉；在废弃菌

糠中加入微生物菌种及添加剂，进行二次发酵，生产有机肥。

但是在菌袋回收利用的问题上，主要的两个关键性问题就是人工成本高与运输成本高。

4. 木耳价格波动大

在调研过程中，通过菌农反馈得知，近几年木耳价格偏低，与牡丹江地区木耳产量逐年增大关系密切。

（1）打造自己的品牌，发挥品牌效应 目前当地现有木耳品牌，如"悬羊砬子""瑶阳羽""龙穆耳"等。

（2）电商 随着网购的发展愈发成熟，当前很多地区的农副产品都会通过网络渠道进行销售，通过这种方式既可以增加销售额，也可以让全国各地的人了解、购买到农副产品。在与互联网结合上面穆棱市供联食用菌科技推广服务公司入驻黑龙江绿色食品网上商城、邮乐网、淘宝网、乐村淘。

（3）随着产业链条的深入，在整条产业链上也会产生更多的利润 木耳价格波动几乎是所有种植木耳的地区都要面临的问题，解决这个问题，多数地区提出的解决方案都是延伸产业链条。当地的招商局也挂出了木耳深加工的项目，相信如果招商成功，一定会让菌农们的收入更加有保障。

二、问题与对策

通过调研，发现当地木耳产业存在 4 个问题：技术推广慢、劳动强度大、收入波动大、废弃菌袋直接处理。

其中，技术推广慢与劳动强大可以通过推广棚室木耳进行解决。如果可以在当地推广棚室挂袋木耳，将会从一定程度上缓解前 3 个问题。因此，解决对策主要针对推广棚室挂袋木耳问题以及废弃菌袋处理问题。

（一）棚室挂袋木耳推广

1. 增加培训，规范作业

在与菌农访谈过程中得知每年春季都会举办一次培训班，传授关于种植方面的知识。平时菌农之间通过互相交流学习来提升自己的技术能力。

正如前面提到的同样采用地栽方式种植的菌农，收入方面也存在很大的差距，造成这种情况的主要原因就是技术管理水平的差异。每个阶段都有不同的控制要点，一旦管理失败，就会造成大面积减产。

采用挂袋木耳方式种植的菌农，采用了更先进的种植技术，春耳因为比地栽早一个月，所售卖的价钱也会更高；秋耳也可以比地栽木耳多收获一个月的时间。挂袋木耳因为摆放密度大，因此存在通风难、棚室湿度不易控制等技术难题。政府可以加大棚室立体栽培黑木耳的技术培训，提高科学技术到户率，提高菌农们的管理水平，以提高他们的收入。

2. 增强自动化控制

对温湿度的控制，是棚室立体栽培黑木耳的关键技术，但生产中大多数棚室采用草帘、遮阳网、塑料薄膜、喷灌设施对棚内温湿度进行调节。因为人工控制，存在很多不可控的因素，所以可以通过实现智能自动化控制来解决这些问题。

（二）废弃菌袋处理问题

对于废弃菌袋处理，目前较为科学的办法就是回收再利用，作为二次能源将其有效利用起来。如果就地焚烧或者掩埋都会对环境造成二次污染，即使回收，菌渣尽管有用，但回收成本也很高（如人工费、运输费等），一般对企业来讲吸引力不大，因此需要政府出面来解决这个问题。

1. 行政督导

政府应确定一个市级部门，落实一名科级干部具体负责，抽调 2 ~ 3 名工作人员与相关镇配合组成综合协调办公室，具体负责菌渣回收利用的综合协调工作，同时不断开辟新的菌渣利用渠道，并落实补贴资金。市级宣传部门、媒体及相关镇要利用各种渠道宣传乱倒菌渣污染环境、堵塞渠系的危害，教育菌农积极配合菌渣回收利用。

2. 强化执法

组织执法机构与当地负责人到集中连片的食用菌基地进行专项检查，目前废弃菌袋丢弃在田间、地头和河道的现象十分普遍，更严重的是已经堵塞交通，河流上游污染十分严重，严重影响了当地人的生产、生活。因此执法部门要加大力度，严厉制止乱倒菌渣的行为。

3. 技术帮扶

组织专家进行详细调研，对可二次利用的，要拿出具体技术方案，及时解决废弃菌袋的利用问题，对废弃的塑料袋，每个乡（镇）要派专人进行检查，做到及时分离的塑料袋要马上送到当地的废品回收站或塑料加工厂进行处理，避免污染现象的发生。

4. 落实执法

环保、水利和农业等相关部门要将清理食用菌废弃菌袋污染、生态环境整治纳入到日常工作上来，细化管理范围、明确执法标准、划定工作职责、严格执行奖惩措施。对尚未具备综合利用条件的，要通过合理的办法，在适当时间和地点进行集中堆放、进行填埋或焚烧，尽可能避免环境的污染和资源浪费。

5. 补贴资金

政府应制定政策落实专项资金，尽快制定出鼓励废弃菌袋综合利用的政策，在用水、占地和用电等方面给予相应的扶持政策。对菌渣的回收利用给予补贴。主要补贴回收转运的运费；相关镇的工作经费；综合协调办的工作经费；对相关村、组干部给予工资补贴等。

三、致谢

十分感谢老师们在我调研过程中给予的指导，十分感谢穆棱林业局领导的理解与帮助，十分感谢菌农朋友们的热心帮助与体谅。感谢调研过程中，所有人对一个第一次体验生产过程的学生的关怀与照顾。经过 3 周的调研，我从一开始对木耳产业的一无所知，到后来已经对整个木耳种植过程与管理方式略知一二。实践真的是很好的老师，作为一个农建人，有这么一个机会可以去亲身体验是非常幸运的一件事。在整个调研过程中，我从农民朋友身上学到了与专业有关的知识，也学习到了很多会受益终身的生活经验。

张　煜

山西省平遥县家庭式
鸡舍调研与改造

本次实习时间从 2020 年 8 月 24 日至 9 月 13 日，以位于山西省晋中市平遥县西郭村的一户家庭式鸡舍为调研地点。我首先对鸡舍的建筑结构和经营运作情况进行实地考察调研，在和农户交流的过程中，了解他们的养殖难处和痛点，并根据调查情况，提出以家庭经营为主的现代化鸡场设计方案，并撰写项目企划书。之后，我又与养殖户进行方案对接，实地体验养鸡工作，总结经验并给出改进措施和管理建议。最后根据实际生产情况，针对投资成本的降低，提出了切实可行的鸡场现代化改进方案（图 1）。

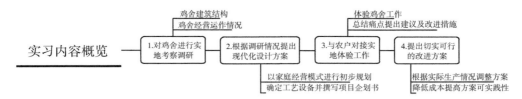

图 1　实习内容概览

调研过程中，我对我国农业发展现状有了新的认识。与此同时，实地考察和自主设计小型规模化蛋鸡养殖场，较好地锻炼了我的动手能力，受益匪浅。在实习过程中反映出来的一些产业问题也令人深思。我还针对我国农村现代化产业体系、畜牧业服务体系中存在的问题进行了研究和思考，并提出了一些可行性的建议。

一、平遥县家庭鸡舍养殖现状

(一) 调研地点概况

1. 鸡舍整体结构

我所调研的鸡舍位于平遥县西郭村，离城较近，交通便利，经济在本县处于较发达水平。

鸡舍由两座砖砌院落组成，包含 4 间 12 m×3 m 的鸡舍、一间约 50 m² 的空房用来供储存鸡蛋、饲料及杂物。其中两间为成年鸡舍，两间为青年鸡舍。定期外购小鸡，属于两种集群交替培育模式。每间鸡舍分左右两部分，三层笼养结构，整个鸡舍约可养殖 2 400 只鸡，每日蛋产量可达 65 kg。

2. 鸡舍建筑结构

鸡舍房间整体是一个长方体，呈东西向。东边是入口，为纱网式的通风门；西边的墙体均匀且大规模地挖了长方形的通风孔，故两边可形成对流通风；此外鸡舍中央上方开有 1 m 宽的天窗；在鸡舍的长边均匀分布着 0.2 m×0.3 m 的通风窗口。鸡笼有三层，边缘处安置饲料槽，每隔 30 cm 处安置小碗，连接水管供母鸡饮水，密度合理，鸡有充分的活动空间。

整体而言，家庭式鸡舍的技术水平不够现代化，鸡群的生活质量有待提高。

(二) 调研方法与内容

1. 调研方法

实习中的调研主要以现场走访、人物访谈和亲身体验的方式进行。在前期进行鸡舍的现场走访，与鸡舍主人进行交流对话，后来亲身去鸡舍体验工作。通过这些方式了解农户养殖过程中的问题，再针对这些问题，提出合理可行的农村鸡舍现代化方案。

2. 家庭鸡场现代化方案

(1) **农户养殖过程中遇到的问题**　首先，在夏天，鸡群因为饮水较多，鸡粪偏稀，鸡舍主人每周给鸡舍清粪需要耗费非常大的精力，再加上还需要忙碌地里的农活，养殖活动更紧张了。其次，鸡舍已经用了将近 20 年，屋顶有损坏的地方，下雨天会漏雨，对养殖生产活动产生较大的影响。在与农户交流后，我利用所学知识，并查阅相关资料，对农户鸡场进行了一些必要的现代化、自动化升级，这对提高养殖的经济效益有非常重要的意义。

（2）鸡场改造初步设想　为了在合理的范围内对鸡场进行升级改造，我决定以家庭经营为主，适当雇用 3~5 名工人为设计背景，对鸡场进行初步的建设规划。主要有以下几点原则：①选址：避开养殖密集区，选择通风良好、地势较高、周围无高大建筑物且水质较好的地方。②鸡场建筑：以主导风向为主，结合地势高低依次排列分布生活办公区、辅助生产区、生产区和污粪处理区。③鸡舍建筑：根据平遥地理位置，采用东西走向，利于提高冬季舍温和避免夏季太阳辐射。设计为 4 万只密闭式单栋鸡舍，初步设计为 15 m×91 m，采用 5 列 4 层层叠式笼养，安装 5 层层叠式蛋鸡饲养成套自动化设备系统。④模式：决定引入 90 d 左右的青年鸡，采用育成产蛋一体化工艺。

而在工艺和设备的选择上，主要针对笼架系统、喂养系统、自动清粪系统、自动集蛋和输送系统及自动通风降温系统。

（3）项目企划　在生产工艺方面，采用育成产蛋一体化工艺流程，引入 90 d 左右的青年鸡，综合考量产蛋率与养殖难度等因素，选择海兰褐青年鸡。

在建筑规划方面，考虑到设计背景为农村家庭式鸡舍，为控制成本和提升方案可行性，设计只包含一栋鸡舍、存储区和储粪区。

生产设备选型方面，主要考虑一些行业内较为优秀的设备厂家提供的设备。笼组系统采用 BHLCS600-Hopper 行车产蛋笼。集蛋系统综合考量成本因素，确定了一种半自动式的层叠升降式集蛋系统，这种系统可以自动将产蛋提取，但是最后鸡蛋的总集装需要一定的人力。供水系统前端考虑增加加药器、电子水表、调压器等设备，为养殖提供便利。清粪系统采用普通清粪带，在每一层鸡笼下方设计，电机驱动，最后通过运输线统一传送至储粪区。环控设备采用可以自动打开机构的轴流风机，单台排风量可达 43 000 m³/h，湿帘厚度采用 15 cm。光照系统为节能光照系统。

（三）方案成本概算与结果分析

综合上述方案设计，对鸡舍现代化方案进行成本概算。固定成本包括土建成本和笼养设备成本，具体如表 1、表 2 所示。

表 1　土建投资成本

项目	规模/m²	单价/（元/m²）	总价/万元
蛋鸡舍	820	450	36.9

（续表）

项目	规模/m²	单价/（元/m²）	总价/万元
饲料、鸡蛋储藏区	120	400	4.8
储粪处	100	300	3
道路	100	300	3
总计			47.7

表 2　笼养设备成本

项目	总量	单价	总价/万元	备注
笼具	400 组	450 元/组	18	小笼价格
乳头饮水设备	4 套	7 000 元/套	2.8	每层 1 套
清粪设备	4 套	2 000 元/套	0.8	每列 1 套
集蛋设备	4 套	5 000 元/套	2	每列 1 套
喂料设备	8 套	8 500 元/套	6.8	每列 2 套
总计			30	

综合以上，固定成本投资大约需要 80 万元。

可变成本主要包括购买鸡、饲料等成本，经过查阅资料，可变成本概算如表 3 所示。

表 3　可变成本概算

项目	单价/（元/只）	总量/只	总价/万元
青年鸡成本	12	24 000	28.8
饲料成本	60	24 000	144
防疫成本	1	24 000	2.4
水电成本	0.3	24 000	0.72
其他			0.5
总计			176.42

综上，项目可变成本每批次大约需要 176 万元，固定成本一次投资 80 万元，总计约 256 万元。经过科学计算，第一年蛋鸡收益可创造 100 余万元的毛利润。该方案是非常具有投资价值的，切实可行，收益可观。

二、问题与对策

(一) 农村农业产业发展制约因素

1. 农村现代化产业体系不健全

在我所调研考察的几所家庭式鸡场中，其生产方式仍然是以比较原始的人工为主，从蛋鸡、饲料的采购，到集蛋清粪等工作，全部都是由人力完成，从农业发展的长远角度看，这样的生产环境和生产方式，是很难满足农业未来发展目标的。

2. 现代畜牧业服务体系不健全

畜牧业服务体系主要指疾病防控、动物检疫、畜产品质量安全服务管理体系不健全，尤其是在县、乡两级这种现象最为突出。

3. 养殖户的综合素质不高

部分养殖户的科技素质不高，生产设备简陋，饲养管理混乱，经营能力不强。

(二) 建议和措施

1. 促进科技、人才体系的健全

要加大投入力度，保障人才生活质量，积极引入科技人才，为农业发展增添新活力。

2. 强力推进标准化养殖、创新营销模式

围绕转变畜牧业生产方式，按照建场选址标准化、圈舍建设标准化、品种选择标准化、饲养管理标准化和统一规划、统一生产标准、统一品种的规范要求进行畜禽场建设。要积极利用互联网资源，加大对养殖户、农户的引导，提升养殖户的科学素养，推动生产生活方式的转变，提高养殖效率效益。

3. 畜牧业发展从长计议

面对后疫情时代国内外畜牧业发展的新形势，要实现新常态下畜牧业快速平稳发展，必须调整发展思路，转变发展方式。同时优化发展环境，以建立政策支持、新型融投资、科技引领支撑和人力支持体系为重点，保障畜牧业的可持续发展。

三、致谢

首先，本次实习是在施正香教授的悉心指导下完成的，正值新冠肺炎疫情期间，各位导师仍于百忙之中抽出时间答疑解惑，在此我表示衷心感谢！其次，要感谢当地农户和政府的支持与帮助，使我这次实习调研能够顺利进行。最后，我要感谢我的父母，不遗余力地帮助我解决难题。我会好好学习、好好生活，将来回报父母、老师、社会。

金 凯

高安市宅基地使用确权
登记工作现状

长久以来，我国实行的"一户一宅""无偿取得""限制转让""缺乏退出"宅基地制度，已不适应当前农村非农化发展和城乡统筹发展的需要。一方面，为了满足经济发展对建设用地的大量需求，我国实施了"城乡建设用地增减挂钩""耕地占补平衡"等一系列盘活农村建设用地的政策，但城乡土地市场二元分割，不利于城乡一体化发展及城乡要素的平等交换和优化配置[1]。另一方面，无偿取得、无成本留置以及有偿退出机制不健全造成宅基地大量空置，宅基地资源浪费，而且宅基地禁止流转限制了农民的房屋财产权功能。因此，如何认识宅基地流转，如何进行宅基地流转改革探索，是重大的理论与现实问题[2]。而无论宅基地的改革指向何方，前提是要做好农村房地一体确权登记工作，明晰农民产权。

2020 年 8 月，按专业实习要求，我到县自然资源局不动产登记中心进行了为期 2 周的实习，通过在县不动产登记中心和农村房地一体确权登记办公室的实习经历了解农村宅基地的权籍确立程序及相关政策法规。实习过程中，我了解到高安并非宅基地改革试点地区，目前正处于房地一体的宅基地和集体建设用地使用权确权登记颁证工作的收尾阶段，我也参与到了相关工作中。

一、调研过程

（一）调研地点概况

高安市，江西省辖县级市，由宜春市代管，位于江西省中部偏西北、南昌市西部，属长江中下游平原，距离南昌 42 km，面积 2 439.33 km²。截至 2018 年末，高安市下辖 2 个街道、21 个乡镇、1 个垦殖场，人口 87.83 万。为推进相关工作，高安市成立农村房地一体确权登记发证工作领导小组，负责对全市农村房地一体确权登记发证工作的统筹、协调和指导，领导小组下设办公室，办公室设在市自然资源局（高安市瑞州街道瑞阳新区东区瑞祥苑 1 栋），办公室人员由相关部门抽调组成，具体负责日常工作事务及相关部门的联络。

（二）调研方法

实地调研条件受限，故结合采用访谈调研法和文献调研法。一方面通过访谈九江地质工程勘察院的左加望经理，了解高安市农村房地一体确权登记工作现状；另一方面查阅相关文献，了解我国的宅基地确权登记工作进程。

（三）调研结果

在全国 2020 年底要基本完成宅基地确权登记工作的大背景下，江西省也一直在全省范围内加快推进宅基地及农房统一确权登记工作，宜春市为全面查清农村范围内包括宅基地、集体建设用地等每一宗土地的权属、位置、界址、面积、用途、地上房屋等建筑物、构筑物的基本情况，为农村集体土地确权登记发证工作提供基础资料，为实施不动产统一登记奠定基础，决定就房地一体的农村宅基地和集体建设用地使用权确权登记发证项目（高安市）进行公开招投标。2017 年 10 月 26 日，武汉中地数码科技有限公司和九江地质工程勘察院分别以 82 元/幢和 81 元/幢的招标价竞得第一标段（220 470 幢）、第二标段（164 290 幢），负责对全市农村范围内所有房屋调查、测量、成果数据库及管理信息系统建设、资料整理归档、登记发证的配合等工作。我在不动产登记中心实习时接触到九江地质工程勘察院的左加望经理，因此通过访谈向他请教了几个问题：一是目前高安市农村宅基地确权登记的进展；二是技术作业流程。左经理回答道，截至 2020 年 7 月，全市共完成 2 个街道、19 个镇、2 个乡 304 个行政村的农村房地一体权属调查，宗地 330 579 个，房屋 371 541 幢。高安市已发不动产权证书 8 本（2017 年通过高安市不动产登记系统发大城镇古楼村拆迁户房地一体确权登记证书 8 本），预计全市待发不动产权证书 20 万户左右；得益于前期地籍调查、房屋测绘、数据库建设、三级确认等工作的成果，目前可以直接在测绘图的数据库中调取户主的相关信息，与村民提交的资料对比审核，符合办法规定的就打印不动产证书，不符合面积规定的在数据库中修正房屋界址，无误后打印证书。

参照承包地"三权分置"经验实行宅基地所有权、资格权和使用权"三权分置"是我国新一轮宅基地制度改革的基本方向[3]。为了进一步保留和发挥宅基地居住保障功能，同时更好地实现宅基地财产价值功能，赋予农民更多财产权利，2018年初，国土资源部部长姜大明在全国国土资源工作会议上首提推进宅基地"三权分置"，将宅基地由目前的"两权"（所有权和使用权）进一步细分为"三权"（所有权、资格权和使用权），按照"落实宅基地集体所有权、保障宅基地农户资格权、适度放活宅基地使用权"的原则探索改革路径。在宅基地"三权分置"的视角下，宅基地集体所有权保持不变，实现宅基地所有权、资格权、使用权相对分离，有效破解了宅基地流转一律限定在集体经济组织内部的制度障碍，农户在更大范围内流转宅基地，收益将显著增加，流转动力和活力将全面激发。流转收益增加后，集体组织财力会相应增强，将促进宅基地有偿退出。有偿退出和有偿流转的扩大，在充分显化宅基地价值后，将倒逼宅基地有偿使用的全面实施[4]。

目前，全国各个地区都正在加大力度推进宅基地和集体建设用地使用权确权登记工作，因为集体土地的流转中，最前提和基础的就是产权明晰，只有经过确权登记的集体土地才能合法流转。提前做好确权登记工作，明晰集体土地所有权、宅基地使用权、集体建设用地使用权的权属，登记发证给相对应的组织或农户个人，为后续推广在改革试点地区摸索出的先进经验、推动宅基地使用权流转建立坚实的基础。下面从政府的视角梳理这项工作的脉络：2010年以来，中央一号文件多次对宅基地、集体建设用地使用权确权登记工作做出部署和要求。2010年提出，"加快农村集体土地所有权、宅基地使用权、集体建设用地使用权等确权登记颁证工作"；2012年要求，"2012年基本完成覆盖农村集体各类土地的所有权确权登记颁证，推进包括农户宅基地在内的农村集体建设用地使用权确权登记颁证工作"；2013年要求，"加快包括农村宅基地在内的农村集体土地所有权和建设用地使用权地籍调查，尽快完成确权登记颁证工作。农村土地确权登记颁证工作经费纳入地方财政预算，中央财政予以补助"；2014年提出，"加快包括农村宅基地在内的农村地籍调查和农村集体建设用地使用权确权登记颁证工作"；2016年要求，"加快推进房地一体的农村集体建设用地和宅基地使用权确权登记颁证，所需工作经费纳入地方财政预算"；2017 年强调，"全面加快'房地一体'的农村宅基地和集体建设用地确权登记颁证工作"；2018 年提出，"扎实推进房地一体的农村集体建设用地和宅基地使用权确权登记颁证，加快推进宅基地'三权分置'改革"；2019 年要求，"加快推进宅基地使用权确权登记颁证工作，力争 2020 年基本完成"；2020 年强调，"扎实推进宅基地和集体建设用地使用权确权登记颁证"。

二、问题与对策

目前学界根据现有宅基地流转实践，一般按照作用主体将宅基地流转模式分成 3 种，即政府主导模式、集体推动模式和农民自发模式。政府主导宅基地流转是指以政府作用为主，市场作用为辅的宅基地流转，政府负责整理宅基地、安置失地农民、出让宅基地流转之后的新增城市建设用地等，如天津华明镇的"宅基地换房"、浙江嘉兴的"两分两换"、成都温江的"双放弃"和重庆的"地票交易"等都是此模式的典型代表。集体推动宅基地流转是指集体经济组织充当中介的宅基地流转，集体负责与用地企业沟通、协商，并动员农民流转出部分或全部宅基地使用权，如村组织分片规划出租宅基地给企业做厂房。农民自发宅基地流转是指农民直接参与，不经过政府和集体经济组织审批及监管的宅基地流转，此模式在经济发达地区普遍存在，但此种模式是游离于法律之外的隐形流转，农民权益得不到法律保障。对于经济发达、集体经济组织完善的地区可以尝试推行集体推动宅基地流转模式，不具备条件地区需提高拆迁补偿标准或规范隐形流转，最终 3 种模式都需向市场自由流转转变。

原定于 2017 年 12 月 31 日结束的"三块地"改革试点期限拟延长 1 年至 2018 年 12 月 31 日，参照试点地区的改革经验并将其上升为法律，新修订的《中华人民共和国土地管理法》自 2020 年 1 月 1 日起施行，依法保障农村土地征收、集体经营性建设用地入市、宅基地管理制度等改革在全国范围内实行。其中与宅基地管理制度相关的修改包括允许已经进城落户的农村村民自愿有偿退出宅基地，鼓励农村集体经济组织及其成员盘活利用闲置宅基地和闲置住宅。可以看出，关于允许宅基地使用权向集体外流转，涉及的主体、包含的利益关系十分复杂，决策层还是非常审慎。

土地承包经营制度改革的底线是保证农民不失地，农村宅基地制度改革的底线是保证农民不失所。现阶段我国农村经济发展基础总体上不够坚实，农民退出宅基地进城或就地从事其他产业都存在一定风险，不同地区农民抗风险能力存在显著差异，大多数传统农村宅基地仍具有福利保障功能。因此，在考虑盘活农村闲置宅基地和农房，推动宅基地使用权允许向集体外流转时，必须以稳为主，要有对于农民可能失去宅基地和农村土地非农化以及由此引发的农村社会秩序失控的担忧意识，必须保障农民只有出于自愿才能对外流转的权利。吸收了"三块地"改革经验后修订、2020年初正式实施的《中华人民共和国土地管理法》下放了宅基地的审批权，允许已经进城落户的农村村民自愿有偿退出宅基地，鼓励农村集体经济组织及其成员盘活利用闲置宅基地和闲置住宅，但并未放开宅基地使用权可以向集体外流转的限制。正因为宅基地对于农户具有最后的福利保障功能，更应该在宅基地"三权分置"视角下稳步探索推进既能解决闲置宅基地资源浪费、优化资源配置，又能赋予农民更多财产性权利、促进城乡融合发展的宅基地使用权流转模式。

三、致谢

非常感谢高安市不动产登记中心的王树根科长、罗建国副科长、左加望经理等在我实习过程中给予的帮助，也感谢课程汇报时老师们的悉心指导！

参考文献

[1] 陈利根，成程. 基于农民福利的宅基地流转模式比较与路径选择 [J]. 中国土地科学，2012，26（10）：67-74.

[2] 欧阳慧，涂圣伟. 农村宅基地制度改革试点情况及建议 [J]. 中国经贸导刊，2015（4）：27-30.

[3] 陈振，罗遥，欧名豪. 宅基地"三权分置"：基本内涵、功能价值与实现路径 [J]. 农村经济，2018（11）：40-46.

[4] 董祚继. "三权分置"：农村宅基地制度的重大创新 [J]. 中国土地，2018（3）：4-9.

邓泽宽

临澧县自然资源局
实习调研报告

　　湖南省常德市临澧县为切实抓好乡村振兴战略规划编制工作，根据省发改委《关于加快启动乡村振兴战略规划编制工作的通知》（湘发改农〔2018〕639号）精神和市发改委工作部署，结合临澧县实际，制定了规划编制方案。临澧县乡村振兴战略乡村建设专项规划编制工作，责任单位：县住建（规划）局。负责围绕"推进城乡规划一体化，优化乡村生产生活生态空间布局、打造特色乡村风貌、建设一批特色镇和特色村"等，编制"临澧县乡村振兴战略乡村建设专项规划"，提出规划的思路、目标、路径、任务，以及重大政策、重大行动和重点项目。县自然资源局于 2020 年 6 月 11 日公式了 69 个村的村庄规划。

　　在以上背景之下，村庄规划的质量是直接影响乡村振兴战略开展效果的主要因素之一，其对人居环境的影响是最直接影响乡村居民生活质量的因素之一，可见乡村规划的重要性。由于乡村的特殊性，特别在广大非重点规划项目之中，由于资金的不富裕、重视程度不够、专业人才的缺失、基础设施的落后等一系列因素，在乡村规划的实际操作之中会产生许多问题。而这些问题往往是具有普遍性的，而又能直接对乡村规划的结果产生比较大的影响，故以临澧县为例，利用在自然资源局实践的机会，实地调查在乡村规划的实际操作中存在哪些问题或者不足的地方。对问题的破解或改善是乡村振兴实现的关键。

一、调研内容

（一）村庄规划流程

　　首先是国家下发文件，然后一级一级由省厅，市局，到县局一步一步的细化工作然后开始动员大会，具体探讨关于规划适宜的细化工作。在确定基本工作之后就开始招投标，选出技术公司来完成具体规划事宜。技术公司准备工作主要包括组织准备（成立规划领导小组，召开规划动员会等）、技术准备（选定规划编制技术协作单位、确定规划编制技术方案、工作方法与技术培训等）与经费准备（编制经费预算报告、申请经费等）。

1. 村庄规划基础调查及分析评价

（1）资料收集　制订村庄基础资料调查表，向县乡镇相关部门及村党组织和村民委员会收集材料，充分掌握村域范围内自然资源状况、地质灾害、人口和社会经济发展、各类基础设施建设等基础资料。

（2）入户调研　深入开展驻村调研、逐户走访，详细了解村庄发展历史脉络、文化背景和人文风情，充分听取村民诉求，获取村民支持。

（3）村庄发展现状分析　分析总结村庄特点、资源利用状况、用户需求、现存问题等。

2. 村庄规划发展目标确定

主要包括村庄发展定位、主导产业选择、用地布局、主要规模指标、人居环境整治、生态保护、建设项目安排等。

（1）村庄发展定位　根据村庄的地理位置、地形地貌、资源禀赋、历史文化、经济社会发展、基础设施、传统风貌等因素，确定村庄分类，提出近、远期村庄发展目标，进一步统筹谋划村庄发展定位。

（2）村庄主导产业选择　结合村庄的自然生态环境、特色资源要素以及发展的现实基础，充分发挥村庄区位与资源优势，统筹规划村域第一、第二、第三产业发展和空间布局，提出村庄产业发展的思路和策略，确定村庄发展主导产业。

（3）村庄发展用地布局　依据村域发展定位，以基本农田、交通廊道、生态廊道及基础设施等为框架，明确村庄"生产、生活、生态"三生空间布局，明确生态保护、农业生产、村庄建设的主要区域。

（4）村庄主要规模指标　①建设用地指标：依据乡镇总体规划面积，结合村庄农业生产特点、村庄的发展定位及村庄发展潜力等因素，科学预测村庄人口发展规模及建设用地规模，同时遵循"底线优先"，落实中央关于农村建设用地减量化的政策要求，最终确定村庄的建设规模，划定村庄建设用地规模边界。

②耕地与永久基本农田保护指标：依据乡镇土地利用规划所明确的耕地及永久基本农田的规模，确定耕地与永久基本农田保护规模，确保耕地与永久基本农田面积不减少，质量有提升。③生态用地指标：结合村域生态用地的摸底调查与其他规划，划定生态红线，并对村域内的各类生态用地实行分级保护。

（二）现状以及问题分析

根据以上过程，不难发现在整个过程中需要信息的流动与交流，过程如下。

首先是国家层面上对乡村规划的整个决定，再一层一层部署，各级政府组织一直到基层群众，发布公告、召开会议、部署工作。在这一过程中是从上到下的信息传递过程。在这一阶段，目的是发动群众让大家目标统一。

下一阶段就是计划的实施阶段，由县级政府开展招标工作，设计公司公开投标。

之后就是设计单位开始村庄调研，这是从下到上的信息传递的基础，然后就以规划方案的形式传递给上一级。这个步骤会有村民谈论、公示等形式来保证基层村民意愿得到保障。

在实际整个规划过程中，这个信息传递的过程也是相当重要的，是从下到上的根本，也是规划成果质量的最直接体现。当然主要是相对难度较大，首先是信息的来源比较分散，同时信息的提取难度也比较困难。村民的整体素质、配合程度等都会影响信息的收集。同时在信息的表达上也存在困难，由于信息量大、信息分散程度较高、信息的利用价值不同等，会让设计单位在规划方案的表达上难以取舍。村民在意愿的表达上是否会优化整个规划方案，村民的意愿是否科学可行，遵从少数服从多数还是民主集中制，相信自己的设计经验还是村民的意愿，等等。一系列不同的取舍会让设计单位在信息传递的过程中难以抉择。而如何取舍是十分考验设计单位的设计能力的。同时设计单位说到底还是公司，说到底是要收益，或许怎样高效是其首要的选择。这在设计单位的内部可能就会出现不同的选择，经济效益、成本、职业道德、设计效果、风险等因素都会影响其效果。

从另外一方面看，首先的逻辑就是对县域里面每一个村庄进行规划，这个出发点是好的，但是在整体过程中是有一些问题的。村庄规划的甲方是政府，其支持这件事的召开，通过招投标的方式来让乙方设计院进行规划。政府是没有直接参与到规划中来的，主要是通过一些标准以及审核来监管。

结合实际，每一个县村庄的数量较多，而理论上来说设计公司需要走访每一个村庄，来调研完成规划，但是由于时间以及经费的问题，大多数情况下，就没有办法按质按量地调研每一个村庄。换句话说就是时间以及经费的问题是没有办法让规划院按较高的质量完成每一个村庄的规划的。

经费上面，政府出钱大概是总费用的一半左右，而这一决定是上级发动再一级一级部署下来的，就政策上来说，是民主集中制的一种体现。在实际规划上说，上面的政策与实际的基本情况是有一些出入的，就是说上级在下发通知的时候与实际情况存在一定的脱离现象。

所以总体归纳主要的问题就在于上层的决策与基层之间的联系问题。上级与基层之间较少进行信息互动，所以在一些问题上就存在"凭空想象"与"闭门造车"的问题。

另外一个问题就是，对村庄的规划过于超前。根据之前的标准，最小区块的面积是不小于 400 m²，而在新的文件之下需要精确到每家的住宅面积。而这个面积一般情况都是小于 400 m² 的，相关的规范确实也导致村庄规划的困难。

总体来说，存在最主要问题之一就是如何将上面的总体规划与下面的具体规划更加有效地结合起来，这是一个比较困难的问题。在现有的规划体系之中，比较常见的就是自上而下进行规划，下位规划服从上位规划，这样的规划理念本身是没有问题的，但是就会导致村民的意愿得不到满足，而要是由下到上的模式可能就没办法形成统一。我认为，比较关键的问题就在于基本上大部分人实际上是没有话语权的，在这样资源有限的情况下采用过分集中的方式就会导致设计脱离实际。这就要求相关的规划单位以及规划院在设计之初就充分了解村庄的情况，当然这是相对困难的，也会增加相应的成本。

更重要的是没有一个比较明确的规划评价体系，也就是说规划比较依赖大家的主观意愿以及相关的经验，而没有相关比较科学的评价打分体系。而规划的成功与否，是要等到建成之后才能有比较明确的体现。

其实最重要的一点就是，村庄的规划案都没有特色，每个村庄千篇一律，与其说是对规划缺少了解，存在困难，不如说是设计单位没有用心，只求效率不求质量。

二、尝试解决思路

目前我觉得比较可行的方案之一就是完善对规划方案可以量化、标准化的评价体系。比较常用的就是使用 AHP 建立模型，探究各个因素对于村庄的权重，建立之后带入数据对该村庄的规划进行评分。在一篇论文中评价主体是指主要接受委托施予评价的组织、个人或工作组。乡村空间环境使用后评价主体主要有以下 5 个，使用者、开发者、设计者、政府、经营管理者。一般来说政府同时承担了开发者和经营管理者的职能。村庄空间具有公共性和生产性的特点，使用者为村庄居住者，所以使用后的评价主体选用村庄居民为宜，但使用者的评价常常具有隐晦性、主观性、不确定性的缺点。一个村庄最直接的使用者是村民，建造者是政府，规划者是规划技术人员，参与者则来自社会。评价的主体是多样性的，既是规划设计者又是政府、村民乃至社会，尽量从各个角度和每个主体所关心的内容进行评价。评价因子集确立了 5 项一级指标，即村庄环境、设施建设、住房建设、经济发展、文化发展。在此 5 个子系统下，村庄环境包括区位选址、村庄规模、景观绿化、开敞空间、建筑风貌、功能分区、交通系统 7 个因子；设施建设包括市政设施、文化教育设施、医疗设施、商业娱乐设施、交通设施、环卫设施 6 个因子；住房建设包括房屋质量、住宅面积、日照通风、户型设计、建筑密度共 5 个因子；经济发展包括产业结构、经济收入、消费方式 3 个因子；文化发展包括文化传承、文化健康、文化设施 3 个因子；共有 24 项个体指标。评价目标层即为乡村空间的使用后评价体系，准则层为以上 5 个一级指标，因子集即为以上 24 项个体指标，以上便建立了完整的村庄空间评价指标体系。

现在对于规划的定量的评价较少，对于规划方案的评价也是主观的，如何将这个系统完善成普适的系统，如何避免规划单位将这个标准投机取巧单纯追求分数，而规划是否能得到当地居民的认可，规划随着时代的发展是否会产生不同的变化，这些都是较难解决的一些问题。

鲁天云

新泰市乡村旅游与休闲农业发展现状及规划策略调研

　　休闲农业是通过升级改造现有的农业资源与农业生产条件，结合旅游市场的各种需求，逐渐发展成为具有观光、休闲功能的新型农业[1]。中国各地的乡村旅游与休闲农业发展迅速，当下休闲农业与乡村旅游已成为推进乡村振兴的重要手段之一，能够促进农业转型、农民创收、美丽乡村建设、扩大农村消费市场、丰富市民文化生活、推动城乡发展一体化的新业态[2]。《全国乡村产业发展规划（2020—2025 年）》明确了乡村产业发展的重点任务[3]，休闲农业与乡村旅游产业符合全国乡村产业发展规划的总体要求，是近年来社会发展的热点话题。

　　山东省泰安市新泰市北依泰山、南瞻孔孟，旅游资源丰富，景区景点众多。随着人们收入的不断提高以及假日制度的完善，休闲旅游业发展持续升温，但新泰市乡村旅游仍然面临着一系列问题与挑战。

　　在这样的背景下，我于 2020 年 8 月来到了新泰市麦伦农业发展有限公司、新泰市掌平洼乡村旅游开发公司进行调研，通过问卷调查、负责人访谈、实地调研的形式，认识新泰市休闲农业的发展现状，找到其存在的问题并提出合理建议。

一、新泰市休闲农业发展现状

（一）调研地点概况

1. 新泰市麦伦农业发展有限公司

新泰市麦伦农业发展有限公司成立于 2015 年 4 月，主要经营农业休闲观光、农产品初加工与销售、农业机械设备等。麦伦农业无花果采摘温室位于新泰市青云湖畔，为轻钢结构薄膜温室，配备滴灌喷灌设备、水肥一体系统、雨水收集灌溉系统。温室内有工人定期检查和清理落果、坏果，在采摘体验客流不大时也会每天定时采摘当日的新鲜成熟果实。采摘体验区管理严格，通过禁止品尝、禁止吸烟、消毒等措施防止外来病原体传入以及细菌、害虫滋生。每日采摘体验之外，还将富余的果实制作成果干进行储存和销售，园区自带一个小的果干加工区，满足每日加工需求。在淡季通过电商平台售卖果干和柿饼盈利。

2. 新泰市掌平洼乡村旅游开发公司

掌平洼村位于新泰市东部，村子四面环山，中间洼地形似手掌，故而得名。盛产杏梅、油杏、大樱桃、李子等，是一个典型的林果专业村。设立在掌平洼村的龙廷革命纪念馆，是新泰市著名的红色教育基地之一。2014 年 2 月新泰市掌平洼乡村旅游开发公司成立，利用该村的林果资源优势与丰富的历史文化资源，打造集赏花、采摘、观老井、吃农饭为一体的乡村特色旅游。曾获全国"一村一品"示范村、美丽乡村创建试点村、全国生态文化村、山东省最美乡村等荣誉称号，被列为全国 500 家旅游扶贫村之一。

（二）调研方法

设计"新泰市乡村旅游与休闲农业调查问卷"面向游客发放，游客问卷主要内容如下：基本信息，包括性别、年龄、受教育程度、收入状况等；与新泰市乡村旅游有关的问题。包括游客的出行方式、旅行目的，对乡村旅游最感兴趣的部分、认为当前乡村旅游发展的优势以及存在的不足之处，对未来乡村旅游发展的建议等。

根据提纲对负责人进行访谈，并在现场进行走访调查。

（三）调研结果

本次共回收问卷 61 份，其中纸质问卷 38 份，电子问卷 23 份。无效问卷 1 份，有效率 98.4%。下面选择部分具有代表性的数据进行分析。

（1）新泰市发展乡村旅游的优势 "风景优美，自然环境好"占 73.33%，"能够亲自体验播种采摘的乐趣"占 45%，"价格合理"占 38.33%，"历史故事与神话传说独具特色""历史建筑与传统村落景观保存完好""当地居民热情好客""果蔬等农产品新鲜实惠"等也均有人选择。

仅有 8.33% 选择了"历史建筑与传统村落景观保存完好"这一项。主要原因是受访者多为本地人,对当地的传统建筑已经习以为常,且文化遗产保护的观念较为淡薄。这种观念在小县城十分普遍,使许多珍贵的历史建筑遭到破坏。

(2)新泰市乡村旅游存在的问题 "宣传不足、知名度较低""人为因素过多、破坏了自然风光""位置偏僻、交通不便"是反映最为集中的 3 项。

我就"宣传力度不足"做了深入调研。结果显示 86.67% 的受访者通过亲朋好友介绍了解新泰市的乡村旅游项目,53.33% 的受访者通过网络了解到相关信息。其他如电视广播、报纸杂志、传单、户外广告、旅行社推荐等占比较小。可见新泰市乡村旅游项目的宣传力度较小,方式单一,传播范围仅限于市内,这也限制了新泰市乡村旅游的发展。

人为因素过多是新泰市许多乡村旅游景区的显著问题,其产生的原因是多种多样的。第一,景区缺乏特色,需要人为创造"打卡点"收取额外利润。第二,景区的规划人员水平有限。第三,本地的部分中老年人具有一定的迷信思想,热衷于求神拜佛,在具有"好兆头"的景点前拍照打卡。

在实地走访的过程中我发现了另一个问题,即淡季旺季区分明显,淡季景区空置严重。以掌平洼为例,旅游旺季为杏梅花开的时节,最高每天可达 3 万~4 万人次。而随着花季过去,客流量滑坡式减少。我进行调研的时间是 8 月底,整个景区游客不到 50 人。2020 年的新冠肺炎疫情也是影响客流量的一大因素,掌平洼景区游客较往年大幅度减少,这也给景区的收入带来了很大的影响。

(3)希望未来新泰市乡村旅游项目能够作何改善 本题为开放性题目,共收到 10 份反馈。主要观点有:增加民俗活动,拓展新的体验项目;增加适宜儿童的游戏活动和休憩设施,提高便利性、舒适性和安全性;每隔一段路增设饮品站、休息亭、代步观光设施;多宣传,增加交通便利性等。

二、问题与对策

(一)问题分析

通过以上调研与实地考察,总结得到目前新泰市乡村旅游与休闲农业发展的不足之处:①游客的饮食、住宿、购物、交通需求未能充分满足;②缺乏特色,同质化严重;③季节性强,淡旺季客流量差别大;④缺乏品牌意识,没有形成完整产业链;⑤宣传营销手段单一。

（二）发展策略

基于上述总结，以掌平洼乡村旅游景区为例，对新泰市乡村旅游与休闲农业发展提出策略与规划。

打造"以杏梅产业为主体、红色文化为辅助"的双核心发展模式，建设"赏杏梅花开，颂革命先辈"特色旅游园区，由第一产业向第二、第三产业拓展，形成产业融合发展的良好产业链，从以下几个角度打造新泰特色品牌。

1. 赏花节与杏梅文化

充分利用掌平洼现有的旅游资源，形成有组织有文化内涵的"赏花节"。建设景观协调的赏花小道和野餐区，增设平价小食饮品售卖点。开发研制品质精良的周边产品，如杏梅花发饰、杏梅花文化衫、杏梅花明信片等文化或生活用品。研制花茶、干花、杏梅酒、杏梅罐头、杏梅果酱、杏梅果干等精加工产品，实现周年供应，挖掘其潜在的附加值，保证质量和口感，打造自己的品牌。

在原有的杏梅采摘体验的基础上进行拓展，如评选"年度最大杏梅"，品尝杏梅制品，亲自动手体验杏梅制品的加工过程等。设置半开放式加工车间方便游人参观。结合中国传统文化，在赏花节期间开展特色互动活动。如赏花摄影赛、干花制作体验课、园区打卡盖章、集赞领取小礼品等，丰富游客在赏花、野餐之外的活动，让游客更有参与感。

2. 淡季经营

掌平洼村作为一个有着丰厚历史文化的村落，旋转老井、传统民居等保存较为良好。设在掌平洼的龙廷革命史纪念馆是吸引游客的一大亮点。淡季可以主打红色教育参观体验，形成完整游览线路，包括看展馆，忆革命先烈——观老井，吃水不忘挖井人——唱红歌，看历史珍贵影像——我宣誓，重温入党庄严誓词等几个模块，将原本枯燥的文字转变为能亲身参与其中的沉浸式教育，也能让游客体验感更强。

3. 生产研发

（1）培育和引进新品种　目前山上广泛种植的部分龙廷杏梅口感偏酸，可以在保护当地特有的"龙廷杏梅"品种的基础上，进一步培育研发新品种，让越来越多的人了解和认可龙廷杏梅。可以小范围引进苍山杏梅、郯城杏梅李、黄金杏梅、中华大杏梅等产自山东和河南的优质杏梅品种，作为本地品种的补充，丰富园区的农产品结构。形成品质好、知名度高、种植规模大的新泰特色品牌。

（2）更新生产技术　通过深翻扩穴、冬夏结合精细修剪、人工授粉、合理疏果等方式，实现高产优产。引进灌溉系统、新型农机设备、温室栽培等技术和设备。改革管理体制，使杏梅品质得到提升，卫生、安全方面也能够得到保障。

三、致谢

感谢赵淑梅老师、李保明老师为我们提供了这样一次特殊的实践机会，感谢宋卫堂老师、贺冬仙老师、张天柱老师、袁小艳老师、李明老师在整个调研过程中的指导，我收获颇丰。

感谢新泰市农业农村局的李秀新书记，新泰市麦伦农业发展有限公司负责人李雪女士，新泰市掌平洼乡村旅游开发公司负责人李化军先生，为我此次实践提供了条件与诸多帮助。

感谢我的爸爸妈妈，在我的实习实践过程中给予了我无私的支持和鼓励，让我有力量勇敢地踏出每一个第一步。

参考文献

［1］　万利，黄莹．新时期休闲农业与乡村旅游业协调发展研究［J］．核农学报，2020，34（10）：2380-2381.

［2］　齐福佳，刘俊，肖闽．乡村振兴战略背景下上海市休闲农业与乡村旅游发展策略研究［J］．农业科学研究，2019，40（3）：57-61.

［3］　农业农村部．农业农村部关于印发《全国乡村产业发展规划（2020—2025年）》的通知［EB/OL］.（2020-02-03）［2020-08-05］www.gov.cn/zhengce/zhengceku/2020-07/17/content_5527720.htm.

明司齐

建平县要道吐村
调研报告

本次实习调研的方向是就辽宁农村的废弃物及发展情况，调研秸秆、养殖废水等农业废弃物、厕所垃圾及餐厨垃圾等的处理情况。调研上述内容的同时，对当地使用能源情况，能源结构，人居环境和经济政策等也了解，结合这些内容，分析当地废弃物处理方面存在的问题，并试着提出一些解决问题的方案。

一、建平县要道吐村现状

（一）调研地点概况

我选取的调研地点是辽宁省朝阳市建平县要道吐村，要道吐村位于辽宁西部、辽宁省与内蒙古自治区的交界处，属北温带大陆性季风气候区。夏季高温少雨，冬季寒冷干燥，春秋两季多风易旱，全年平均气温 7.6 ℃，最高气温 37 ℃，最低气温−36.9 ℃，降雨多集中在 6—8 月，年降水量平均 614.7 mm。

1. 种植、养殖情况

全村共 770 户，耕地约 9 500 亩，该村的特色产业是烤烟。村里主要种植烤烟 2 238 亩、玉米 3 000 亩、高粱 1 500 亩、谷子 1 000 亩。该村主要养殖牛、羊、猪，都是由个体户养殖的，村子里仅有一个个人承包的养鸡场，有大约 2 万只鸡。各家养牛 3~20 头，养羊 15~50 只，养猪 5~26 头。

粮食主要是由粮站和个体收购点收购的，具体价格是：玉米 1.8 元/kg、谷子 6 元/kg，高粱 2.4 元/kg。养殖户养殖的牛、羊、猪主要的销售方式是卖给中间商,再由中间商卖给屠宰场,养殖产品的价格大约为牛 3 万元/只,牛犊 1.3 万~1.4 万元/只,羊 2 500~3 000 元/只,羊羔 1 000/只,猪 36 元/kg。养鸡场的肉鸡 47 d 出栏,农户与收购肉鸡的人签订合同,由其收购。

2. 特色产业

烤烟是本村的特色产业,村民们自家种植烟叶(图 1),然后将烟叶运送到烤烟炉进行烤制。烤烟炉是由烟草公司建成再移交给专人管理的,一间烤烟炉一年的租金为 1 000 元,烤制一炉烟需要用煤 0.2 t,用电 220 kW·h。烤制好的烤烟由烟站收购,收购一炉的价格为 1.4 万~1.5 万元。烤制烟所需的烟叶只取中间部分,被割下来的边角料部分则由村民们拉回家作为日常烧火做饭的原料。烤烟过程中产生的废弃物只有煤渣(图 2),这些煤渣是免费提供给村民的,如果谁家门口需要煤渣垫路,就可以自行取用。

图 1 村民种植的烟叶

图 2 烤烟后废弃的煤渣

3. 沼气池建设情况

村里现有沼气池 23 个,这些沼气池是分两批建成的,第一批沼气池的修建时间是 20 世纪 90 年代,第二批沼气池的修建时间是 2012—2014 年,它们的尺寸分别是直径 2.7 m、深 2.2 m 和直径 2.4 m、深 2.2 m。这两批沼气池全部都是由政府出资修建的,修建一个沼气池大约需要 4 000 元。当时政府出资修建沼气池的目的是帮助村民消化农业废弃物、人畜粪便等垃圾,随着沼气池的修建,政府还给村民们发放了沼气炉和沼气灯,鼓励村民们使用沼气。

目前整个村子仅剩一家的沼气池能够正常使用,在最初修建的时候就有 1/3

村民家的沼气池修到一半就停止施工了，因为后期经费不足，也没有后续的沼气池维护措施。

4. 厕所改革与垃圾处理现状

村里已经开始进行厕所改革的试点工作，先发放 10 个试点名额，以自愿报名、先来后到的形式发放，目前村里已经有 4 户人家开始进行了改造。

在垃圾分类方面，村里马上就要实行最新的垃圾分类管理条例，但是新式分类的垃圾桶还没有发下来，老旧的垃圾桶已经全部回收。因此，目前村里的生活垃圾处理方式还是堆积在垃圾集中点后进行填埋。

（二）调研结果及分析

我所调查的问卷有效填写人次共计 31 人。

1. 基本信息

从基本信息可以看出现在大部分留在村里的是中老年人，年轻人基本上都在外打工或上学，绝大部分村民的学历是初中或小学。村民们家里的主要收入来源还是传统农业种植，即使家里有外出工作人员，或者从事养殖业，自己家里也有几块土地在耕种。有超过一半的村民对周边环境是满意的，22.5%的村民感觉一般，感到非常满意和不满意的村民占很少数。

2. 垃圾处理

从垃圾分类这方面可以看出 4 种垃圾是村民们家里都有的，对于可回收垃圾如易拉罐、纸箱等，村民们大都会进行分类，因为这部分可以卖给废品回收站，易拉罐是 0.05 元/个，纸箱是 0.9 元/kg。其余的垃圾，大多数村民都是堆放在垃圾点，垃圾点的垃圾则是最后进行集中填埋。绝大部分村民认为垃圾分类可以减少环境污染且变废为宝，分别有 32.26%和 25.81%的村民认为垃圾分类能方便利用和减少占地，有 9.68%村民不清楚垃圾分类是什么。

3. 农业废弃物处理情况

绝大部分村民使用过的农用废弃薄膜是直接丢在使用过的田地里，有一部分村民家里有蔬菜大棚，他们所使用的农用废弃薄膜比较厚，这部分薄膜可以作为废品卖给回收站，价格为 1.2 元/kg。现在村民家里普遍都采用烧火做饭的方式，因此村民家里的秸秆有一部分是作为烧火的燃料，其余部分对于从事种植业的村民来说，收获的秸秆是卖给养殖场或养殖户做牲畜饲料，人工收割的秸秆 300

元/亩，机器收割打碎的秸秆 150 元/亩；对于从事养殖业的村民来说收获的秸秆直接加工后就喂给自家牲畜。养殖户家里的畜禽养殖废弃物，全部是堆肥后施加在自家地里，村里养鸡场的废弃物则是卖给村民做肥料，价格为 30 元/m³。

4. 厕所改革

村子里除了已经进行厕所改造的几户人家之外，所有人家的厕所都是旱厕。对厕所中的粪便，绝大多数人家是抽取后做农家肥的，也有几户人家将粪便抽出后就直接施在地里，有泵的村民可以自己抽取，没有泵的村民可以请别人帮忙抽取，抽取的费用是 50 元/次，一般来说每家厕所的粪便都是一年抽一次。54.84%的村民对自家厕所的满意程度一般，对自家厕所很满意和较满意的村民占比都是 12.9%，有 19.35%的村民对自家厕所不满意。因为村里正在进行厕所改革，大部分村民对厕所改革是比较了解的，只有 32.26%的村民很少了解厕所革命。

5. 用水用能

目前绝大多数村民家都是采用烧火的做饭方式，村民们家里除了常规电能外还用液化气、煤、柴火、太阳能这些能源。液化气也是用来做饭的。冬季村民家里的供暖方式普遍是烧锅炉和土炕，烧锅炉需要的能源主要是煤，烧土炕主要用柴火。村民们日常的废水可以利用的如洗菜水，直接浇在菜园子里，不能利用的如洗澡水、洗碗水等就倒在家门口的水沟里。

6. 社会情况

从社会情况这方面可以看出当前村民们身边关于环保宣传的工作很少，村民们也不太关注身边生态问题的宣传。他们大都认为环境治理主体是政府，29.03%的村民认为环境治理主体是村委会和环保人员，还有 9.68%的村民认为环境治理主体是村民。

二、问题与对策

（一）问题

1. 垃圾、废水处理方式太过随意，不规范

村子里垃圾集中点的垃圾目前的处理方式是：不经过任何处理方法，直接填埋。村民的生活废水和农业废水也是直接倾倒。这样会造成非常严重的地下水污染，严重危害环境。对于分类后的垃圾，村里也没有具体的、很好的解决方法。

2. 村民主体意识不强，厕所改革的宣传不到位

在问卷调查过程中我发现在很多的问题上村民们都不是出于自身的想法来填的。如"对周边环境满意程度"这个问题，村民们更多的是对自己居住环境的一种习惯，他们没见过更好的周边环境是什么样的，所以选项多是"一般"，不好不坏。对于垃圾分类，在村子里将要实行垃圾分类的情况下，有些村民竟然不知道什么是垃圾分类；至于"限制垃圾分类的因素"这类问题的选项很多村民看不懂，经过我的详细解释，他们才能做出选择。在"厕所改革"这类问题上，虽然很多村民选择了比较了解这个选项，但当我询问一些细节问题的时候，村民们是回答不上来的；在"是否支持厕改"这个问题上，所有村民都选"支持"的原因是，厕改是政府出资建设的，村民自己不花钱，改了总比不改好。村民并不知道厕改具体是个什么政策，也不知道能给自己带来哪些好处。造成以上这些问题最根本的原因就是厕所改革的宣传工作不到位。只有加强宣传，让村民们知道各种环保政策是什么，有什么好处，他们才会自觉去保护周边的环境。就像之前的沼气池建设工作一样，村民们不懂沼气池的作用，沼气池逐渐被废弃，村委会加强宣传后，村民们的眼界和认识得到提升，才不会有新式厕所损坏又用回旱厕，垃圾桶损坏就不进行垃圾分类这样的事情发生。

3. 农业废弃物没有规范化处理

村里进行堆肥的方法非常简陋，牛羊粪直接堆在空地自然发酵，鸡粪、鸭粪含水量比较高，拌过土后再进行自然发酵。这样发酵得到的肥效力很低，村民们还要去养殖场购买粪便回来堆肥，才能勉强满足土地肥力需求，增加了种植成本。粪便堆积不仅气味对周边产生很大影响，而且很容易滋生细菌和蝇虫，夏天粪便堆就成了蝇蚊的聚集处，对周边居民的健康具有重大隐患。

（二）对策

1. 建立废弃物集中收集、处理站

村里各种农业废弃物和垃圾的后续处理都非常粗暴简陋。由于村里的能源结构体系已经比较完善，能够满足村民日常生活生产需要，同时村民种地时所需肥料不足，因此，我建议建立一个集中的堆肥垃圾处理站，这样既能集中处理生活垃圾和农业废弃物，避免环境污染，又能帮助村民得到肥效更高的肥。

2. 加强监管措施

对于正在实行的环保政策，当地政府应该加强对环境治理工作的监督管理，

设立责任人，在工作进行时监督其进度和完成情况，确保环境治理政策落到实处。

3. 村委加强宣传与沟通

充分利用农村现有的宣传工具如广播、板报等，以通俗易懂的形式把基本卫生知识教给农民，引导农民认识到环保、垃圾处理的重要性，提升村民对环境治理的认可度与热情。可以树立典型，以点带面地宣传，通过召开现场交流会、总结表彰会等形式，让老百姓真正感受和认识到环境治理政策的好处。

4. 建立后期维护保障制度

县里建立关于新式厕所维护修缮和垃圾分类管理的培训班，村里派专门的人员去接受培训，定期检查村民们家里的厕所和村里的分类垃圾桶使用情况，村民们家里厕所如果有损坏的，可以请这个专人来帮忙修缮，村里的垃圾桶如果有损坏的，也可以由这个专人上报，申请更换新的垃圾桶，以便保障村民日常生活的正常使用。

三、致谢

感谢此次社会实践中指导老师对我的问卷制作、问题分析等方面的帮助，感谢要道吐村村委会和村民对我的支持，也感谢学校给我提供这次机会使我得到锻炼。

徐皎艺

四川省绵阳市青贮产业的调研

青贮饲料是指将饲草等原料在厌氧条件下，利用植物体上附着的乳酸菌，将原料中的糖分解为乳酸，在乳酸的作用下，抑制有害微生物的繁殖，以达到安全储藏的目的。饲草青贮可以最大限度地保存饲草中的营养成分，从而在没有新鲜饲草的季节用来饲喂家畜，以补充新鲜饲草的不足。青贮技术能够使饲料的利用率得以提高。一般来说，普通晒制的干草其营养成分只能保存 70%～80%，甚至不足 60%，而采用青贮技术则能保存 90% 以上的营养成分，尤其是饲草中的维生素更不易损失。此外，采用青贮技术还能有效消灭饲草中所携带的寄生虫及有害菌群，如玉米螟、钻心虫等，从而提高饲草的安全性。可见青贮产业对现代养殖有着非常重要的意义。本次调研则围绕青贮产业在四川省绵阳市周边地区开展。

我本次实习主要内容为对四川省绵阳市周边地区青贮的产业概况、生产技术、设备、工艺等进行调研，对不同规模的生产户进行走访，现场了解生产情况，也和常年在绵阳周边及全省从事与青贮相关销售工作的人士进行沟通交流。

在了解当地产业发展状况和现存的问题之后，通过文献查阅，对部分问题提出一些解决办法。

一、产业背景

（一）发展背景

四川省酿酒业高度集中，酒厂在四川地区分布很多。在酿造生产的过程会伴随酒糟的产生，而对于酿酒业而言，酒糟是废弃物，难以处理，甚至还会带来污染环境的问题，如此庞大的酒糟产物成了一个难题。但是在肉牛养殖中，酒糟却是可以被利用的饲料。酒糟可以作为肉牛辅助的粗饲料，在养殖肉牛的过程中，由于肉牛对饲料的要求不高，酒糟可以直接作为粗饲料进行饲喂，粗饲料的摄入反而有利于帮助肉牛的消化和提高生产性能。如此一来，肉牛养殖和制酒业形成了良好的相互关系，因此，四川的肉牛养殖行业得到了较快的发展，肉牛养殖的数量和规模也在不断地提升。

目前人们对乳制品的需求在增大，奶牛养殖也逐渐扩大规模，在一定程度上，四川的肉牛和奶牛养殖行业在四川都形成了较大的规模，与此同时，饲料的需求也逐渐增大。而酒糟并不能完全作为粗饲料来源，一是因为酒糟只适用于耐受性更强的肉牛而不适用于奶牛，二是单一的酒糟粗饲料也不宜摄入过多，青贮饲料则成为了养殖业粗饲料的必然需求。青贮的需求量非常大。

据四川省草业技术推广中心数据，四川青贮市场的缺口达90%以上，可见目前四川省内的青贮生产和需求相差悬殊，供不应求。四川青贮产业的发展具有很大的潜力。

（二）地理条件

绵阳市位于四川省的东部，在涪江沿岸形成了冲积平原，地势平坦，交通畅达，硬化路面多，机耕条件好，是适合发展规模农业和现代化农业的重要地区。在四川其他地区相对地势更加崎岖的情况下，绵阳地区成为了农业发展较发达和较成规模的地区。

在绵阳市三台县，有较好的种植业基础，经济作物麦冬已经成为了主导产业和特色产业。而在种植麦冬过程中，许多农户会选择套种玉米为麦冬初期生根时期提供阴凉的环境，玉米秆收货后，将成为理想的青贮生产原料，为当地青贮发展提供有利条件。

目前，绵阳地区的青贮产业在四川省处于较好水平，初具规模。有的厂家向全省及云贵区域供货。

二、经营模式及规模

绵阳市周边地区的青贮产业主要可以分为以下几类。

生产销售型：单个生产基地年产 2 000~5 000 t，部分生产户往往经营多个基地进行生产，最大每个点达到 3 000~5 000 t，总共最多达到年产万吨。产品向省内外养殖场供应。

养殖户生产自给型：年产 100~200 t。自给自足，满足养殖的粗饲料需要。

优质牧草推广型：主要种植和向其他青贮生产户提供优质牧草品种种苗，并生产青贮和养殖作为示范，发展休闲农业。

三、实例分析

在对当地的青贮生产户进行现场走访和调研后，选取了有代表性的 3 个实例，对不同经营模式下的青贮产业结合事实进行分析。

（一）生产销售型——绵阳市三台县花园乡某青贮农场

这是一处位于绵阳市三台县花园村的青贮生产厂。该厂的规模为年产 2 000 t 青贮。生产的设备为揉搓机、打包机，并建有发酵窖。从外观上看，设备较为简陋，技术上也存在很多尚未解决的问题。但实际上，根据了解，该厂目前每年的收益可以达到 20 万元左右。目前四川的青贮供不应求，在每年新年之后一个月内，存货将基本售罄，其他的生产商亦然，说明了四川的青贮市场缺口是非常大的。

另外，通过对该生产厂的参观走访，了解到目前四川的青贮生产还处在经验不算丰富的发展初期，许多生产商都是初入此行业，在技术上更多需要设备经销商提供支持和帮助，如设备商对机器使用进行指导，提供更适合当地生产的机器，传授其他地区较为成熟的生产经验等。从这点来看，农机的销售不只是一门生意往来，在农业发展的促进上也起到一定的作用。

（二）养殖户自给自足型——绵阳市涪城区某肉牛养殖场

这是位于绵阳市涪城区的一处牛场。

该厂饲养肉牛，厂内购入青贮设备进行自给自足的青贮生产。

从该肉牛场的生产设施来看，现代化设施较少，尤其是没有专门的清粪设施，牛场的气味非常大。另外，牛场的光照较暗，没有人工补光。

从现场来看，青贮原料堆砌有出现轻微发酵腐败的问题，而原料本身玉米秸秆也存在已经干枯、营养成分流失的问题，可见生产户对品质的重视程度是较低的。而通过对常年从事青贮机械销售的人士的访问，了解到这其实也是绵阳乃至四川青贮生产的普遍问题。肉牛场和生产商双方对质量的要求都较低，因此以肉牛场为主要需求方的青贮行业目前的产品品质都较难以保证。目前当地的青贮产业，还有很长的路要走。

（三）综合型——绵阳市三台县精牧粮草公司

这是位于梓潼县的一个青贮生产基地，该基地以草种推广和种植、青贮生产为一体进行经营，目前处在创业初期。他们的种植方法非常传统，今年四川洪涝，牧草的种植也受到了一定的损失。他们计划未来的规模是万吨年产量级别，但如此的规模化目前也并未与现代农业技术有太紧密的结合，尤其是种植上。投资经营方非农民，而是从房地产、销售等行业向农业转型的人员，他们并没有技术经验。

在创业初期，他们也对各项技术进行考察学习，不过仍然是缺乏相对专业的技术指导。而事实上，在许多农业创业阶段，缺乏有力的技术支持或许是一个普遍问题，而在农业专业学习的学生同样也面临就业时难以找到心仪的就业岗位的问题。这种双向的不协调，也在一定程度上，影响着农业现代化的进程。

四、当地青贮产业中的问题

当地青贮的主要问题仍然体现在技术层面上。生产工艺较为简陋，并且生产户对于技术和经验的掌握程度往往有所欠缺，因此当地的青贮饲料产品质量大多偏低，只能供应要求较低的肉牛场。

此外，当地的大多数肉牛养殖业也处在不够现代化、设施简陋、方法传统的阶段，在饲料的需要上没有较高要求，因此也导致了目前青贮生产不注重产品品质的问题。主要体现在如下4个方面。

一是麦冬种植户不注重玉米品种，收获时间偏早，玉米秆含水量偏高，影响青贮生产质量。

二是生产商不注重原料品质，如枯黄、带泥的原料不经处理直接打碎发酵等。

三是添加剂滥用的问题，农户不了解添加剂原理，不懂得如何选择真正能够促进生产的添加剂，添加剂市场的产品大多噱头大于实际效用，更加加深了农户对添加剂的不信任感和滥用问题。真正符合规范的添加剂普及率较低。

四是生产联动性差，原料存放随意，生产效率跟不上腐败速度，导致原料发霉腐败等，难以保证饲料的营养价值和安全性。

五、改进与提升

乳酸菌为兼性厌氧菌，青贮时为了更好地发挥乳酸菌的作用，同时抑制好氧有害菌对牧草营养成分及发酵整个体系的破坏，应尽量压实、压紧，营造无氧环境。

同时，乳酸菌是以糖类及牧草中携带的碳水化合物为底物快速积累乳酸来降低 pH 值，以达到对有害腐败菌的拮抗作用。所以，起始的碳水化合物浓度水平决定了乳酸菌初期发酵的速度，这也是影响青贮饲料品质的重要因素之一。

同时，低 pH 值也可以抑制牧草自身所携带的植物蛋白酶等酶类，防止被降解成多肽及氨基酸等的蛋白氮过多地被用于生产非蛋白氮，降低畜类进食时对营养的吸收利用率。进行乳酸菌青贮的发酵是为了青贮出更高品质、营养更优的饲料，因此，不同牧草作物的营养成分、刈割时期、青贮起始水分含量、切割长度等不同，可根据不同的状况及条件选择何种乳酸菌或如何进行菌种搭配等，对饲料品质影响极大。

结合目前现存的问题来看，我们应当将改进措施集中在提升原料品质、规范添加剂使用、改进发酵环境 3 个方面。

（一）提升原料品质

1. 规范收获时期

通过进行不同收获时期对青贮玉米饲料的测定，得知乳熟期全株玉米青贮饲料中 pH 值显著降低，CP（粗蛋白）和 WSC（可溶性碳水化合物）含量显著增加，而 NDF 含量减少，这说明在乳熟期进行收割加工发酵之后的青贮玉米饲料品质最优（通常建议留茬高度以 15~20 cm 为宜）。

对当地而言，生产商与种植户之间可以建立良好的合作关系，种植户按照要求规范收获时期，及时运输给生产商，可以一定程度上保证原料的营养成分，继而提高青贮饲料的品质。

2. 采用更优的原料处理方式

适宜的切割长度使青贮原料容易压实并且能快速形成厌氧环境，在水分及水溶性碳水化合物等青贮所需的营养物质满足的情况下，更有利于乳酸发酵，在此基础上，能够在短时间内形成酸性厌氧环境，使青贮玉米的品质更优。

在青贮玉米的加工过程中，切割的长短和是否进行揉搓对青贮饲料品质有着重要影响，将青贮玉米在发酵前切割为 1~2 cm 的长度，并且在青贮前进行揉搓可以更好地提升青贮玉米饲料的品质。

当地生产商可以选取较为正规的加工机械对原材料进行处理，并且对原料及时进行处理，不长期堆放，避免腐败、营养流失等问题，以保证青贮饲料的质量。

（二）规范添加剂使用

乳酸菌青贮添加剂分为单一型乳酸菌添加剂、混合型乳酸菌添加剂及乳酸菌与有机酸、酶类等混合添加剂等。青贮需全面分析作物的营养特点、含水量等，进行青贮试验，筛选出更有针对性的高效菌种添加剂。因此，青贮菌种的筛选是进行高效青贮不可忽略的重要因素。

现在人们往往更多地选用同型发酵乳酸菌与异型发酵乳酸菌搭配使用，是为了利用异型发酵乳酸菌的代谢特点，提高青贮稳定期的有氧稳定性，降低青贮中二次发酵对营养品质的影响。

当地生产商应该认识到添加剂对于青贮饲料质量的正面促进作用，并且了解如何规范选用和使用添加剂。

（三）改进发酵环境

1. 控制发酵时间

青贮玉米的发酵时间对最终的发酵品质有一定的影响。发酵过程中营养物质的变化是由青贮发酵时间决定的，一般在发酵 30~50 d 时，青贮玉米的感官评价最优，同时青贮玉米的营养价值和有效利用率也较高。

2. 保证发酵的压实度

研究结果表明，青贮玉米在发酵过程中，在 700 kg/m^3 左右压实度下进行青贮的玉米品质最佳，气味甘甜，适口性良好，以黄绿色为主。而压实度较低的情况下，如 350 kg/m^3 下进行发酵的青贮玉米质地较差，这是因为压实度的大小可以改变 pH 值的大小，所以，青贮玉米的发酵品质随着压实度的变大而更加优质。

这既需要当地生产商重视设备的投入，同时也要求农机销售商为当地提供更优、更科学的设备，供生产商选择。

六、总结

经过此次调研，我主要了解了当地青贮产业的发展现状和存在的问题，并在技术要点上提出了一些针对现阶段的问题的改进措施。缺少行业的规范性和技术指导是目前该地区青贮产业发展的主要问题。然而要解决这个问题绝不仅仅是理论性的技术扶持就能真正改进的，农业产业的发展是一个综合问题，需要多方的投入与努力。

青贮产业关系着一个地区的畜牧业，也最终关系着一个地区的民生。目前四川地区的青贮产业在技术和规模上都仍然处在起步阶段，还有很长的路要走。要解决这些问题，需要农户、生产商、销售方、养殖户、农机设备销售方、政府及相关组织的多方共同努力，一步一步实现产业的规范化、科学化、规模化、产业化。

参考文献

高雪峰，樊星，赵鹏，等，2017. 酸菌的代谢、发酵及其在青贮工业中的应用 [J]. 河南农业（23）：53-54.

刘桂要，杨云贵，曹社会，等，2009. 玉米秸秆和4种玉米青贮饲料的营养差异性分析 [J]. 西北农林科技大学学报（自然科学版），37（4）：76-80，85.

刘鑫阳，2019. 添加不同菌剂对玉米秸秆微贮菌群及品质的影响 [D]. 呼和浩特：内蒙古农业大学.

赵艳，2020. 饲草青贮技术优化措施探讨 [J]. 畜禽业，31（3）：31.

马晓春

安徽省寿县农业生产中现代农业生产技术的应用问题

　　暑期调研地以我家乡寿县众兴镇闫店村为中心，一方面是了解家乡脱贫攻坚工作的实际进展，充分认识以家乡为代表的广大农村地区农业产业的发展现状；另一方面是了解现代农业技术在农村农业产业中的实际推广情况，并结合自身专业知识为家乡现代农业产业的发展提出积极的建议。

一、家乡农业发展现状分析

（一）调研地概况

　　调研村地处安徽省寿县南部地区，种植业的具体情况基本与全县种植业现状相符。

　　种植业以土地承包制度为基础的小农经营体系为主要类型，这种分散的小型田块直接阻碍了规模化生产。种植业生产大范围应用小型机械，现代技术更新较慢。受限于地块狭小，调研地典型种植业对新型农业经营主体的容纳力极小，导致适用于大规模生产的农业技术没有使用空间。调研地果蔬种植户大多以种植园的形式进行生产，种植规模较小，成本投入少，生产管理以人工为主，对现代农业技术的应用十分有限。

　　以养殖为主业的养殖户对现代养殖技术的应用程度不均衡。调研地的主业养殖户分为家庭养殖户和养殖企业两种类型。家庭养殖户养殖年投资不超过20万元，应用一定数量的现代养殖设备，但是对现代养殖技术和养殖理念的应用较少。以养殖为主业的经营主体就是养殖企业。养殖企业年投资成本一般大于 20 万元，企业对现代养殖技术的应用受经营理念的影响有很大的差别。总体上，调研地养殖业对现代养殖技术的应用程度受到投资规模等影响，但是并非具有简单的线性相关性，而是受到资本投入、专业知识、经营理念、政策扶持等多方面影响呈现出一种综合的关系。

（二）调研方法

此次调研主要以实地走访、入户问询和村政府相关材料查阅为主。

（三）调研结果

1. 种植业现状

调研地种植业以传统的水稻、冬小麦和油菜为主。当地属于亚热带北缘季风性湿润气候类型，水稻一年一熟，故种植作物以水稻、冬小麦和油菜为主，种植作物基本以 3—5 月播种水稻，10—12 月播种冬小麦和油菜的时令进行。部分种植户也会选择种植瓜果等，但是规模较小、占据农业市场份额较小。

适用于小型农业生产的农业机械应用程度极其普遍，基本达到每村至少有一整套农业生产器械，农户可通过雇用的方式使用专门的农机进行农业生产。随着农机的功能和效率不断更新升级，调研地的农业生产基本摆脱了传统的肩挑手提的作业方式，极大地解放了人力。村内的农业技术站也能对农业生产中的技术问题给出科学的解决办法，对解决农村生产效率问题有积极的作用。

2. 养殖业现状

调研地养殖业主体为养殖散户，大型养殖企业数量稀少。养殖散户以从事种植业为主，养殖为辅。散户养殖多依附于种植业，以就地养殖、散养和圈养结合的方式进行。养殖散户对现代养殖技术的应用程度较低，投资一般低于 20 万元，部分主业养殖户使用饲喂、清粪等现代设备，大部分养殖户仍以传统的纯人工养殖为主，如当地一家规模 15 000 只肉鸡的养殖专业户。养殖场鸡舍为塑钢拱形棚架，自然通风，设有料线和水线，但是料槽污染严重，舍内地面无垫料，肉鸡病死率较高。

养殖企业投资成本较高，技术应用受养殖理念的影响较大。养殖企业由于投资高，能够招募专业的管理人员进行养殖指导，且具有固定的建设规范，在现代养殖技术和理念方面的应用相对于普通养殖户更加科学。但是在现代生产设备上的成本投入则大有不同。一种养殖企业受到当地扶贫政策帮扶，虽然投资规模较小，但是设备投资高、现代化程度高。这类养殖企业整体上设计科学、管理模式现代化，具有很好的示范意义。这类企业因为运行成本较高，市场占据份额小而不稳定，故盈亏状态很大程度上取决于政策扶持力度。另一种养殖企业为外地资本投资本地建场企业，企业规模相对于上一类企业更大，但是在现代设备上的投资占总投资比重小，企业选择用当地相对廉价的劳动力代替大型的现代化设备。这类企业从场区设计上，便将建设成本压低，建场选址选在气候温暖、交通便利、土地租金便宜、劳动力充足的地区，舍区建设采用砖混结构，舍内日常管理基本与家庭农场并无区别，其资金投入主要在市场的开辟和维持上。这类外地资本企业虽然对当地养殖行业带动大、对畜牧类农产品市场的影响力大、对解决老龄化劳动力就业问题帮助大，但是也存在对环境污染较严重、对当地经济发展贡献度小、示范性意义不明显等问题。

二、问题与对策

（一）农业技术应用存在的问题

传统的农业生产经营模式根深蒂固，应用成本较高的农业高新技术存在阻碍。由于当地长期稳定的土地承包制度的影响，当地农业以小农户生产经营为主，将高新技术应用到小农户经营产业中出现了"不会用"和"不想用"等问题。以施肥为例，利用规模化设施实现精准施肥不适用于小规模生产，多数农民对化肥施用量、化肥施用强度等缺乏科学认知，凭借经验施肥，存在化肥添加"多多益善"的心理，因而导致农作物倒伏、土壤板结、地下水污染等诸多问题[1,2]。

高新农业技术推广表面化，实际因地制宜应用不足。农村对农业技术的推广仍然被放在"要求推广"的层面，推广人员缺乏落实工作的主动性和积极性，缺乏技术的后期推进、跟进式技术服务指导以及实践跟踪。科技推广人员对专业知识的理解程度和实际从事耕作的经验不足导致对高新技术的应用"按照说明书"生搬硬套。以插秧机推广为例，推广人员没有考虑到当地实际土地的平整问题，将平原地区规模化生产中的插秧机引入当地，由于土地不平整，插秧高度设定不合理，导致秧苗无法扎根、后续返工等问题。

农业从业人员老龄化，农业高新人技术才缺乏导致高新技术的应用受阻。当地农业从业人员主要为 40 岁以上中老年人群，这一类人群具有受教育程度普遍偏低，对专业知识学习能力低，对新兴技术的接纳能力弱，对传统农业生产模式根深蒂固的特点，应用高新技术的风险超出他们对稳定的生产生活的预期，因此高新技术很难在这类农户中进行推广。

（二）农业示范区带动型产业发展模式

调研地处于淮河沿岸地区，属于种植业优势区域，农业产业的发展应当符合当地优势，即以种植业为主带动养殖产业，发展种养结合型经济。结合当地农业优势和农户主体的意愿建设一种结合"粮-牛-肥"的循环型种养结合的养殖示范基地。在当地政府支持和龙头企业带动下，建设一个肉牛育肥养殖的标准化基地，养殖基地在专业管理人员和龙头企业指导下实施标准化生产；养殖基地以固定价格收购当地农户玉米作为青贮原料；养殖基地粪污经过专业的堆肥处理后售卖给当地农户作为农家肥。该种养结合的发展模式主要包括 3 个环节：建设标准化肉牛养殖基地、建立饲料采和供平台、提供粪污处理和售卖。

1. 建设标准化肉牛养殖基地，实行标准化生产

在当地建设一个存栏 240 头牛的肉牛育肥养殖基地，基地选址应选在村庄下风口、距离村庄 500 m 以上，地势平坦，交通良好，基地包含牛舍、饲料间、粪污处理区、交易区和生活管理区，牛舍采用砖石砌体结构。牛舍为开放式双列对头设计，每栋间距 6 m，建有雨污分离，净污道分离及绿化带。牛舍 4 栋（100 m×16 m×5.5 m），滴水高 4 m，料道 3 m，食槽宽 0.5 m，牛栏高 1.2 m，母牛舍两边运动场各外延 6m。牛舍内部采用横向自然通风，采用人工饲喂、清粪[3]，每栋舍配两名管理人员。基地养殖架子牛，购买重量 200~240 kg 的犊牛育肥至 600 kg 时出栏售卖。生产管理由龙头企业、合作社技术人员指导进行饲料营养配比、防暑防寒、防疫保健等工作，保证生产的专业化。

2. 基地建立饲料采购平台，实现粮-牛的种养结合

传统肉牛养殖结合气候和当地作物特点采用夏季丰草期饲喂青饲料、冬季枯草期饲喂青饲料搭配干草料的饲料调配方法，在饲料搭配上若营养价值比较低，则肉牛育肥较慢。规模化养殖发展过程中，随着饲料的青贮技术不断更新，青贮饲料这种富含蛋白质及维生素，可以长期保存，口感适口、便于消化、减少病源的饲料逐渐被大家应用在规模化养殖中[4]。与农户建立合作，按照特定长度收割

腊熟期玉米,将青贮饲料放入青贮窖中,将秸秆软草切断铺在底部吸收青贮汁液,按照层次铺放原料至与窖口高度相当时,调整中间位置原料使其略高于窖口,使用薄膜进行覆盖,上压土层[5]。

3. 基地建设粪污处理区,构建与农户的有机肥销售链

无机肥作为化肥市场主流产品占据当地化肥市场份额,但是仍有部分果蔬种植户选择使用有机肥。采用干清粪工艺,将牛舍固定粪便经处理后直接输送至堆肥发酵处进行好氧处理,可减少粪便营养成分损失,保障有机肥价值。根据《第一次全国污染源普查:畜禽养殖业源产排污系数手册》(内部资料)中的计算方法,可得240头肉牛养殖场每日粪尿收集量约为3.6 t,发酵车间日容纳量因此大于3.6 t[6]。堆肥以中国农业大学徐鹏翔、孙敏捷、李季团队所做的典型堆肥工艺设计为工艺。

(三)可行性及政策扶持

政策扶持,养殖场建设在土地、资金上具有可行性。根据淮南市2020年的土地政策,政府对适合发展的现代种养业企业或者合作集体给予支持。规定可根据实际情况,在年度用地指标中单列一定比例专门用于新型农业经营主体建设配套辅助设施,并按规定减免相关税费;新增农业补贴和财政补助直接投向这一类农业合作社或企业,并给予信贷支持,综合利用土地、财政政策对其进行扶持。

控制养殖规模和种植业容纳力,"粮-牛-肥"模式运行合理。当地玉米秸秆产量较高但应用率极低,基于此,在肉牛养殖基地建设一个收购青贮玉米的平台分类收购当地农户的青贮专用型玉米、粮贮兼用型玉米以及粮贮通用型玉米。考虑到栓饲饲喂方式,肉牛育肥期的食量,基地完全可以消化当地的玉米青贮供给。根据调查,每亩农田每年约可利用1.2头肉牛产生的粪便量,该基地可供当地200亩农田使用[7]。在经济效益上,每头肉牛整个育肥期饲料所需大概4 200元,按照犊牛进价8 000元、出栏价格26元/kg,每头活牛价格约为15 600元,利润约为3 000元(包含人工费、水电费、免疫费以及饲料和有机肥收益差),处于盈利状态[4,8]。

三、致谢

一直以来,我积极参与社会调研活动,深入过南北方典型农村了解当地"三农"问题,遗憾的是,自己虽然学习农业专业却未深入了解过家乡的农业发展,

此次专业调研活动给了我这样的好机会。在调研中，十分感谢老师们对专业问题的指导，感谢村政府提供的大力支持，更感谢拜访的农户的理解和支持。

参考文献

[1] 王文月，王博．农业农村产业兴旺亟须高新技术引领发展［J］．农业经济，2020（6）：9-10.

[2] 李铮玥．浅谈农村现代农业技术推广的发展［J］．农村实用技术，2019（10）：9-10.

[3] 莫靖川，覃志贵，杨清容，等．夏南牛标准化生产技术示范基地建设示范［Z］．来宾市畜牧站，广西武宣金泰丰农业科技发展有限公司．2017.

[4] 耿甲飞，耿本明．小规模肉牛养殖技术要领［J］．河南畜牧兽医（市场版），2019，40（8）：40-41.

[5] 王春华．青贮饲料在肉牛养殖中的使用［J］．湖南饲料，2019（5）：42-43.

[6] 徐鹏翔，孙敏捷，李季．规模化肉牛场粪污收集与堆肥处理工艺设计［J］．农业工程学报，2016，32（S2）：5.

[7] 楚天舒，韩鲁佳，杨增玲．考虑种养平衡的黄淮海小麦-玉米模式下畜禽承载量估算［J］．农业工程学报，2019，35（11）：214-222.

[8] 刘思当，程子龙，毕云霞，等．山东省肉牛养殖现状调查分析［J］．山东畜牧兽医，2014（12）：53-56.

党昊昱

韩城市芝川镇富村昌盛
水产公司实践报告

2020 年 8 月 25 日至 9 月 11 日，我在陕西省渭南市韩城市芝川镇旅游东路富村段的昌盛水产有限公司开展了为期 3 周的实习。"纸上得来终觉浅，绝知此事要躬行。"本次实习我主要以亲身体验的方式，站在企业的角度思考问题，了解与学习现代化水产养殖现状。

一、芝川镇水产养殖现状

（一）调研地点概况

据基地资料显示：全部生产基地共占地 430 亩，分为工厂化水产养殖车间 30 000 m²，露天养殖池塘 340 亩，垂钓池 30 亩、净化池 30 亩，鱼虾蟹产品品鉴区 2 000 m²。已建成投入使用工厂化养殖车间 12 000 m²，共 8 个标准化养殖车间，含大小 160 个孵化池。

企业的主要生产理念是：建设以新品种培育推广、新技术集成示范、新模式优化规范、新理念宣传普及为基本功能的科研教学研发基地和产学研一体化的现代化沿黄生态渔业示范基地。

（二）调研方法

我主要采用了现场走访及人物访谈等调查方法，主要参观了露天养殖、车间式工业化水产养殖系统和立体抽屉式循环水系统，对我国水产养殖的工业化发展现状有了较为清晰的认识。

（三）调研结果

企业整体采用"温棚标粗+露天塘养"的养殖模式。其主要经营模式是在虾苗、鱼苗的抱卵期从南方等地进鱼。对鱼卵进行孵化，对鱼苗标粗，并根据不同生长大小分池饲养。分池到 50g 大小（约每年 4 月 15 日起）放入外塘饲养。外塘中一般存栏量总体养鱼 200 t，养螃蟹 75 t，养虾 50 t。工厂化车间内的鱼是全年全气候养殖，露天池塘内的鱼也是全年饲养，但是在冬季，鱼的体重不会增加。养殖密度：外塘淡水鱼为 2 000~5 000 kg/亩。工厂化养殖车间水体养鱼 70~80 kg/m³，虾水体养殖 10~15 kg/m³。

生产基地露天池塘有 16 个，面积在 15~70 亩。每个露天池塘都有独立的供氧系统。露天池塘采用套养或混养的养殖模式。套养就是在确定了主养鱼的基础上搭配养殖一部分鱼类。混养是将养殖鱼类按上、中、下层混合养殖。套养是从鱼类之间相互依存的关系考虑鱼类搭配，混养是从整个水体考虑鱼类搭配。

车间式工业化水产养殖系统中的水产养殖单元是以混凝土、砖或玻璃钢而制成，采用单脊单跨的钢结构，每跨 4 m。水产养殖单元中设计了内循环系统，水处理设备将养殖水净化处理后再循环利用，达到节约资源的目的，整体自动化程度较高，能够实现环境的远程监控与自动调控。车间内的温度调控与温室差不多。当环境温度较高时放下遮阳网，环境温度继续升高时，打开湿帘风机进行降温。车间内温度较低时，放下保温层保温。车间内的水循环系统采用的是一些较为简单但很巧妙的装置。进水管与排水管都设置在下方，输气管设置在上方。一般是 24 h 不间断向水中输送氧气。在水池外部，设置有调控池内液面高度的黑色水管。这里利用了等压面的原理。当需要完全排水时，只需将外部黑色水管全部拔出即可。池内排水口设置在池塘底部，水池底部沉淀的粪污与饲料可以顺着排水一同排出。水池边有一处凹口，漂浮在水面上的死鱼及废弃物，会从凹口排出。

工业化水产养殖的立体抽屉式循环水系统主要饲养螃蟹。"蟹公寓"是企业在富村村子里租的一栋三层小楼。小楼内部是一个个有多个抽屉孔道的柜式箱体，位于每个抽屉孔道中的抽屉养殖一只螃蟹。每个抽屉内的水都是不断循环的，每个抽屉也设置有自动输料的料线。"蟹公寓"有独立的水循环系统，处于完全独立的全自动化状态。由于螃蟹喜阴，所以适合在这种黑暗环境中养殖。同时，"蟹公寓"通过控制水温，也可以控制螃蟹成熟和上市的时间（图 1）。

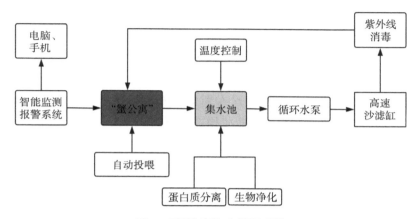

图1 "蟹公寓"水循环系统

人工养殖螃蟹长期以来一直存在成活率低、易受自然灾害影响、占用水塘土地过多等问题。"蟹公寓"把养殖场搬到了室内，进行工厂化养殖，完全不受台风、暴雨等自然灾害、天敌的影响，降低了养殖风险。同时，它为每一只螃蟹提供了独立的房间，让螃蟹相互隔离。成功解决了蜕壳期相互蚕食的问题，大大提高了养殖成活率。

在实习过程中，我观摩了一次清塘式捕鱼活动。打捞的鱼塘面积约为40亩，鱼塘套养的是鲤鱼与花白鲢。这样大的一个池塘打捞大约需要4 h，企业请了专业的捕捞团队，但人手仍不足。打捞过程中几乎基地的所有工作人员都参与了拉网。捕捞过程中，渔网每隔2 m就需要一人来拉网。整个过程十分辛苦，人力消耗很大。捕捞上来的鱼按照0.65 kg以下与0.65 kg以上人工分类、装车。其中，0.65 kg以下售价4元/kg，0.65 kg以上售价12元/kg。经过4 h的清塘式捕捞，大约共捕捞5 000 kg鱼。

生产基地几乎不向外排放尾水，但也没有专门的尾水处理区。整个生产基地每天尾水排放又回笼1 000 m^3，水的主要来源是由黄河渗过来的地下水，整体偏碱性。水循环大致经历尾水汇入沟渠、沉淀、经过水生植物净化、消毒、暴晒再循环入生产车间这样的过程。通过水葫芦的净化，可以吸收养殖水中的营养物质，富集和稳定水体中过量的氮、磷悬浮颗粒和重金属元素。这主要通过以下方式实现：吸附、过滤、沉淀；植物吸收；根际微生物的辅助作用；对有害藻类的抑制作用。养鱼会使水的酸性增强，而利用水葫芦净化也会使水酸性增强。我认为这样的处理方式并不是最妥当的。但是由于黄河流域的水本身偏碱性，所以目前并无较大不良影响。

富村昌盛水产公司位于芝川镇，这里曾经是韩城市贫困户最多的一个镇子。昌盛水产公司在带动芝川镇全面小康的过程中起到了不小的作用。在资金方面：农户将政府提供的 5 万元扶贫资金投入到企业内（相当于贷款，但是无息的），资金使用 3 年后，对资金管理由专业机构进行研判，如果企业能够及时分红，处于良性运转状态，能够带动周边产业发展，就可以继续签订 3 年的资金使用协议。否则，资金收回。该企业每年给农户 10% 的分红，保证农户收益。在工作岗位方面：企业为部分贫困户提供工作岗位。另外，由于近年来对濮水河的治理，濮水河水位抬高，一些耕地不再适合耕作。昌盛企业作为芝川镇当地的龙头企业，在每个村联系一到两位负责人，指导当地老百姓进行水产养殖、出售等工作。

二、问题与对策

（一）主要存在的问题

一是车间内自动化程度较低、环境调控较为粗放。

二是露天池塘养殖模式较为原始，弊端较多，更加容易受到自然天气的影响，同时人工成本也较高。捕捞时采用全鱼塘拉网，未成熟的小鱼会产生应激，或是鱼鳞被渔网伤害，从而增大死淘率，降低了产量。

（二）解决方案

1. 利用传感器

车间改造主要的思路就是利用传感器监测车间内环境，再将数据进行处理与储存，最终反馈给手机和电脑。在车间中布局多个水质参数监测点，利用温度、溶解氧、pH 值、氨氮浓度传感器，及时、准确地对水产养殖系统中水体相关水质参数进行监测。在环境参数超出水产养殖的最佳范围之后，采取相应的手段对环境进行调控。同时，安装鱼类运动监控系统、自动饲喂系统等装置。

另外，更加关注车间内的光环境。光照是鱼类代谢系统的主导因子，光作为能量进入水域生态系统，为水生动植物注入必需的能量，且独立地对鱼类的摄食、生殖、内分泌起着直接或间接的影响[1]。在车间甚至外塘，都可以安装一定的 LED 灯具，对不同品种的鱼类生活环境进行与之相适应的光环境调控。

在条件允许的情况下，可以根据鱼类的生理节律、摄食行为、生长发育和繁殖性能的最佳光环境参数，或模拟鱼类原生地区的光环境。如果条件不允许，则简单区分长光照的鱼与短光照的鱼，分群饲养。一般来说，春夏季节产卵的鱼是长光照型，秋冬季节产卵的鱼是短光照型。通过人工调节光环境，对长光照的鱼提前把日照时间比自然状态延长一些，对短光照型的鱼提前把日照时间比自然状态缩短一些，这样通常能使鱼类提前成熟和产卵[2]。

2. 生态高效的水产养殖装置

针对外塘，计划将原本原始状态的露天池塘改造为"跑道养鱼"模式，即生态高效的水产养殖装置。"跑道"前段是推水增氧装置，中段是养殖区，末段为除污装置。前段的推水增氧装置是将水增氧后推入养殖区，使"跑道"水体可 24 h 循环流动，使鱼更健壮，并实现高密度养殖；除污装置将养殖区域的鱼类排泄物及残饵收集起来并排入污水处理设施处理，处理后的水回流到池塘。形成小面积养鱼、大面积养水的水产养殖模式[3]。

"跑道"养鱼模式主要由两个系统组成。悬浮系统：每条跑道底部和两跑道间铺设有高密度泡沫塑料及存水管道，当泡沫在水中的浮力与跑道自重基本持平时，跑道整体呈悬浮状态；当跑道底部存水管道内的水通过空压机充气将其挤出时，因浮力增大超出跑道自重，跑道呈漂浮状态。吸污系统：跑道尾部设有两道吸污槽，吸污板安装于跑道底部，板上安装有吸污管，连接至跑道上的吸污泵，吸污板通过多重缠绕于驱动轮上的钢丝绳张紧连接，通过减速电机的转动，由电气控制系统实现吸污板的左右往复运动，同时吸污泵通过吸污管将沉降于集污槽底部的污水抽至岸上的污水沉降池[3]。

三、致谢

感谢老师和昌盛水产公司提供给我本次实习机会，这次实习让我成长了许多，切实地达到了学思结合、学以致用的目的。特别感谢在实习期间，公司员工与宗超老师对我的指导，在之前的学习中我没有接触过水产养殖，不知道需要去调研些什么，他们帮助我打消了心中的茫然和疑问。在深入了解后，我也更加认识到设施农业"万变不离其宗"，不同领域的发展思路是息息相通的。最后感谢父母的支持，他们为我往返实习基地提供了便利的交通。

参考文献

［1］ 黄俊奇，宋绍京，曹建清，等．浅析工业化水产养殖系统及其关键技术［J］．上海第二工业大学学报，2016，33（4）：330-337．

［2］ 宋昌斌，高霄龙，仇登高，等．工厂化水产养殖 LED 灯具选择的分析与建议［J］．照明工程学报，2015，26（1）：108-111．

［3］ 陈永星，陈阳，斯武军．智能化池塘内循环流水跑道养鱼新模式［J］．新农村，2019（5）：34-35．

魏思琪

湖北嘉润茶业有限公司
有机农场的调研

　　基于对种养循环体系的兴趣，我选择了在湖北嘉润茶业有限公司进行实习。在 3 周里，一方面我按照公司的要求完成了一些力所能及的工作，另一方面调研了农场的种养循环体系。在工作中，我学到了很多在课堂上学不到的知识。通过这次实习，我对种养结合体系、有机农业有了初步了解，在实践中我认识到农业的一些基本情况，了解了种养结合推广的重要性和必然性，提高了实际操作能力。

一、湖北嘉润茶业有限公司有机农场种养循环体系发展现状

（一）调研地点概况

　　湖北嘉润茶业有限公司是一家集茶叶种植、生产、销售、研发、茶文化传播和种养结合为一体的综合型现代化企业。公司的茶园和产品先后通过瑞士 IMO 认证、德国 CERES 有机认证中心（美国 NOP、日本 JAS、欧盟 EEC）认证和中国良好农业规范（GAP+）认证，并计划于 2021 年通过有机农业领域里的国际最高标准体系——德米特认证。公司基地位于湖北省利川市忠路镇杨家坡村，离忠路集镇 8 km，海拔高 950 m，总面积 1 600 余亩，这里不与任何农田交叉，是一个相对独立的园区，形成了一套完整的基地内部循环系统。在园区内适当放牧牛羊、套种农作物和中药材、建设香草园。在茶树行排间，间植厚朴树，达到生物防治和物理防治病虫害的效果。

（二）调研方法

调研的方式主要是现场走访。我把调研内容分为种植、养殖以及肥料制作（粪污处理）3 个部分，分别跟随农场的管理负责人进行实地调研并对工作人员进行采访。还查阅了德米特标准的生产手册，并把农场的种植、养殖、粪污处理与其进行对比。

（三）调研结果

如图 1 所示，该农场以"种植—饲料—养殖—沼气—有机肥—种植"为循环模式。

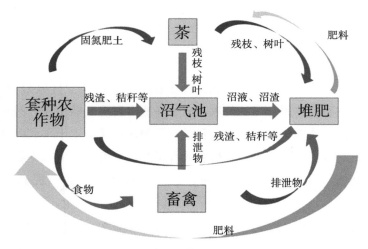

图 1　种植、养殖循环模式

具体表现为套种的农作物为动物提供食物，同时帮助基地的主要经济作物茶叶进行固氮肥土，其残渣通过进入沼气池转变为沼液、沼渣而变为有机肥，或者直接参与堆肥制作。而畜禽在以套种的农作物为食后产生的排泄物也将作为肥料的主要原料。茶叶的残枝、树叶也是作为有机肥原料进入循环。最终制作出的堆肥又施用到种植区域，完成整个循环。

1. 种植部分

（1）茶树与土壤　根据对负责人的采访得知，该农场在开发前是一个荒废了近 30 年的野茶园，由于土地无人耕种，所以土壤中不含有机机构严禁的农药化肥等成分，而是天然富含矿物质、微生物。符合德米特生产标准。

茶树也是天然保留下的老茶树品种，是传统的良种有性繁殖的树种，未经变异杂交等。

（2）树木套种 德米特标准中规定：在整个农场上使用多维生物动力农业管理办法（包括景观管理和发展）的目标就是防止真菌、细菌和害虫对作物的侵袭。禁止使用合成化学药剂来控制病虫害、真菌感染（包括预防剂的使用）、病毒或其他疾病、除草或调节作物生长。

所以该农场在茶行间套种了厚朴、红豆杉等树种，通过厚朴树叶引虫等方法治理虫害。多种中药材树木的套种也保证了整个农场的生物多样性。

（3）农作物套种 德米特标准认为：植物是尤其依赖于环境因素的生命体。生长环境的选择对植物的健康成长比作物的耕种方法更重要。要发展可持续的肥沃土壤，应该考虑种植足够的豆科植物（如果有可能的话尽量是多年生的），同时轮作一定数量的叶子植物。

所以农场按照标准的要求，在其二期基地的幼龄茶园套种了黄豆、玉米、甘薯、马铃薯、黄瓜以及绿肥等作物，黄豆作为豆科植物能够起到很好的固氮作用，使土壤更肥沃，而玉米、甘薯、马铃薯等则为养殖场的动物提供饲料，绿肥能大量地增加土壤有机质，改善土壤结构，提高土壤肥力。这些作物的套种既增加作物种类和产量以保证人和畜禽的粮食供应，又保证基地茶叶所需的有机肥料。由于基因改造的种子种类禁止运用和播种到德米特农场里，所以农场使用的种子均为自留的老品种，在收获作物的同时进行留种。

（4）除草 根据德米特标准：严禁使用合成化学物质控制杂草生长。机械措施比热力措施要更好一些。不允许对农田土壤进行熏蒸。

农场的实际状况是完全依靠人工除草。割下来的草部分转移到养殖场做垫料，部分粉碎后用以制作堆肥。

2. 养殖部分

（1）牛的养殖 牛是农场一个核心内容，因为牛粪是该基地制作堆肥的重要原料。

按照德米特标准：牛的饲养过程中不允许穿鼻环，只允许使用笼套。必须进行户外放养，满足自由活动的要求。牛棚必须铺有垫草，完全是板条的地板是不允许的，装有板条的地方不能用来休息。

在农场里，养殖区域一个小范围的平面图如图 2 所示，左右两个为分娩舍，面积大约是 11.5 m²，横排牛舍每栏面积大约是 13 m²，每栏放两头牛。牛舍内部没有铺设地板而是直接在土壤上铺了垫草。在自由活动方面，每天下午 2—6 时都是放养的时间，牛会自己在茶园里吃草、运动。

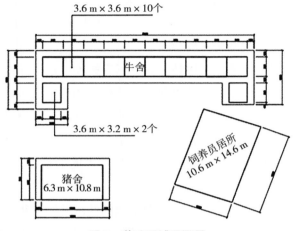

图 2　养殖区域平面图

（2）猪的养殖　根据德米特标准：猪圈应该铺上稻草或者其他的有机垫草。完全由板条铺成的地板和圈养是不允许的。需要经常放养，让猪能够自由用鼻子拱土。

实际在农场中猪舍内部也是没有铺设地板而是直接在土壤上铺了垫草。舍内配有食槽，有饲养员每天投放饲料。在猪舍南面有一个专为猪设置的运动场，猪可以在运动场里自由活动。运动场的围栏做得比较宽，小一点的猪也可以从里面钻出来，到二期基地的套种区去拱土翻找甘薯等作物食用。

3. 肥料制作（粪污处理）

粪污处理作为完成种养循环的关键环节也是实践调研的一个重点。

生物动力生产办法的基本目标是激活土壤，增加土壤肥力的持久性和肥沃程度。影响它的最大因素除了土壤使用方法和作物轮作结构外，还有一点是：正确使用家畜家禽的腐熟粪便（特别是牛粪）。

根据标准的要求，农场内不可以使用化肥，自制堆肥使用的动物粪便里面不允许含有药剂、添加剂等化学残留物，而且不能使用规模化畜牧养殖的动物粪便。

我国农业行业标准《畜禽粪便堆肥技术规范》（NY/T 3442—2019）中对堆肥制作场地、一般工艺流程、设施设备和采样测定等均给出了规范。

农场的实际状况为：以茶园的植物残余、落叶、枯枝秸秆等作为辅料。如厚朴树下端的枯枝败叶，农场工作人员会在前一年叶子枯萎后就开始收集，储存起来为下一年堆肥备用。粪便用的是牛粪和牛舍里垫草的混合物。

该农场制作的是条垛式堆肥，宽 2 m、高 1.5 m、长一般为 8~10 m。场地选择在地势平坦不易积水、避风口和不受暴晒的地方，有遮阴但没有靠近树根，避免堆肥养分被树根吸收。该农场的制作方法与标准相比显得不是很规范。在标准规定中，制作堆肥垛前会做土壤预处理，清除地面的草根，将草皮翻过来，以防止其吸收养分。

农场堆肥的制作工艺与规范中的不太相同，并没有将牛粪与辅料进行混合，而是先铺上粉碎后的干草（也就是辅料），然后撒上岩石粉，再铺一层粉碎的鲜草，撒上生石灰，再铺一层干草，然后铺上新鲜的牛粪与垫草的混合物，过程中不断洒水。重复这个过程，并在期间称量了每种 5g 共 7 种农场自制的生物动力制剂放入其中。最后使堆肥高度达 1.5 m，再在堆肥外部覆盖一层鲜草，透风遮阳，作为保护层。雨季的时候会盖膜防水。我问了一下负责人他们堆肥的碳氮比是在（25~30）：1。岩石粉是为了补充一些磷、钙等元素，生石灰起到杀菌和促进发酵温度升高、加快发酵的作用。

农场堆肥制作主要使用的机械就只有粉碎机，其他的工作基本是依靠人工。

农场制作的堆肥是两个月后翻堆，翻堆后再加入一套堆肥制剂。堆肥制作中的关键是温度探测，我询问管理人，他说 1 周后堆肥内部温度应在 65 ℃左右，堆肥温度高就说明牛粪过多，温度低就是牛粪过少。农场堆肥整个过程至少是 6 个月，如果是冬季的话就需要发酵更长时间，中途至少翻堆两次。

每一堆堆肥大约是含干草 2 250 kg，鲜草 1 000 kg，牛粪和垫草的混合物 2 000 kg，大概用于 11 亩地。

二、问题与对策

（一）存在问题

一是因为地处山地丘陵地区，耕种除草等都依靠人工，成本较高。农业机械使用度不高，现代化、智能化不够。

二是对农社成员管理不是很严格，工作效率比较低。

三是堆肥制作场地要求方面的问题，覆盖青草在表面可以起到防晒防破裂的效果，覆盖薄膜也能在雨季防雨，但是堆肥过程中产生的渗滤液没有进行收集储存，会发生渗漏。

四是臭气处理方面，前面提到牛粪和垫草的混合物是在牛舍内就喷洒过制剂让其不断发酵，并没有什么异味。但是我在调研过程中发现有一些堆肥在发酵过程中存在比较大的异味。

五是工艺设备使用方面，只在粉碎干草和鲜草时使用了机械设备，其他的都是依靠人工，效率比较低。

六是堆肥在质量检测方面唯一的测量标准是温度，对水分含量、pH、有机质以及元素测定方面没有进行检测，没有保证规范性和安全性。

（二）对策

1. 针对除草的问题

通过查阅资料发现目前国内山地用除草机械较少，没有专门的山地机械除草方案与系统，无法满足农民对山地除草机的迫切需求，导致除草效率低，影响作物生长及质量，同时也延缓了农场除草作业机械化的进程。目前山地除草多使用化学药剂，并不适用于我调研的这个有机农场。而考虑到成本和操作可行性以及技术人员的问题，我认为目前可以到达较好效果的措施就是使用较小的且比较灵活、简单易操作的微型山地除草机代替原始的镰刀。据调查该种除草机价格在1 300 元左右，经济实惠且农场能够负担这部分费用。

2. 针对人员的管理问题

我建议管理人员制订更完整的管理计划，制定每天工作量的标准，与工资挂钩，以调动员工积极性。

3. 场地方面

我认为可以首先选择地势较高的地方作为堆肥地点，避免产生积水对堆肥质量造成影响。固定堆肥地点后设置排水装置，收集渗漏液以防治环境污染。

4. 臭气处理方面

这个有机农场没有办法采用微生物处理法，但是可以考虑收集处理法，设置臭气收集装置，将堆肥过程中产生的臭气进行有效收集并集中处理。

5. 发酵过程中的翻堆

可以考虑购入翻堆设备如翻堆机来完成，在工作人员中挑选一到两名学习翻堆机的操作技术，达到提高机械化程度、减少人工成本的目的。

6. 在质量检测方面

应该定期抽样送往检验机构对堆肥质量进行检测，根据国家标准对各项指标进行检验，判断是否合格。

三、致谢

感谢在调研过程中各位指导老师对我调研方向确定、问题提出与思考等多方面的建议与帮助！感谢湖北嘉润茶业有限公司负责人以及各位工作人员给予我的支持！也感谢学校给了我这样一个锻炼自己、增强实践能力的机会！

马蔷薇

兰州百合产业的
历史与现状

这次实习从 8 月 24 日开始到 9 月 11 日结束，主要调研了兰州百合产业的历史与现状。在 3 周的调研过程中，我经历了了解历史、发现问题、问题聚焦、寻找解决办法等几个阶段，也从开始的不知如何下手到对整个产业面临的问题有了大致的了解和解决思路。

一、兰州百合产业的现状调研

本次调研的地点位于甘肃省兰州市七里河区袁家湾村，兰州百合在我国食用百合品种中品质最优，是甘肃省的名特优产品和宝贵生物资源[1,2]。因其具有润肺止咳、清心安神等多种功效，目前市场对百合的开发需求不断扩大，其经济价值也备受重视。种植百合在合理利用土地资源、提高农业生产效益、增加农民收入上发挥了一定的作用，因此，已成为当前农业生产中一条有效的致富途径。兰州百合是川百合的变种，属于山丹类，是全国目前为止唯一的食用甜百合。

百合的栽培条件非常严格，要求气候冷凉湿润，昼夜温差大，地面有 5°~15°的坡度，排水良好，土层深厚，质地疏松（砂壤最好），有机质含量丰富，pH 值 8.2 左右的微碱性土壤上旱作栽培，这些条件对百合产量和品质价值起着决定性作用，缺一不可[3]。

（一）调研地点概况

现阶段袁家湾村正处于转型期，在政府的投资下不仅已经在积极尝试各种现代化种植方式，也开创了一些新的旅游资源。如每年将一部分土地上的百合花留下，不做掐尖处理，待 7 月开花时吸引游客。但我在调研过程中发现现阶段代表兰州百合种植业的袁家湾村还是存在一定的问题需要解决。

（二）调研方法

通过现场走访、人物访谈等方式，调研结果如表 1 所示。

表 1　袁家湾村百合收入（2012 年）

袁家湾村收入	平均	低收入水平	较低收入水平	较高收入水平	高收入水平
总户均收入/元	16 917.7	7 995.5	15 800	20 027.5	64 028
百合收入/元	15 036.8	6 180	12 560	15 750	25 800
百合收入所占比重/%	88.9	99.3	98.4	87.3	83.6

影响百合产量和品质的问题主要是百合的获利并没有增长但通货膨胀下的物价飞涨使得收入减少，于是许多农户开始连作种植或外出务工不再打理土地。除此之外，固定的思维模式也对这里的百合产业带来了一定的影响。

（三）调研结果

土地收入降低导致许多农户为了经济利益选择不休耕而长期种植土地，那么首要的思路就是计算百合具体的收益。

百合定价：60 元/kg（鲜百合），1 亩土地种植 3 年：亩产量为 1 400 kg；1 亩土地连续种植 6 年：第六年亩产量为 1 000 kg；1 亩土地连续种植 9 年：第九年时亩产量不足 200 kg。由于连续种植 9 年之后的土地再次种植时，百合会停止生长，所以很少会有农户持续种植 9 年以上，最多在 9 年之后会休耕或轮作 3 年，那么连续种植 9 年的周期为 12 年、连续种植 6 年的周期为 9 年、连续种植 3 年的周期为 6 年。

若 9 年休耕 1 次，每 12 年的收益为每亩（2 000+2 800+400）×30＝156 000 元，按照休耕时期农作物不赚钱计算，即每亩每年收益为 56 000÷12＝13 000 元。若 6 年休耕 1 次，每 9 年的收益为（2 000+2 800）×30＝144 000 元，按照休耕时期农作物不赚钱计算，每亩每年收益为 144 000÷9＝16 000 元。若 3 年休耕 1 次，每六年收益为 2 800×30＝84 000 元，按照休耕时期农作物不赚钱计算，每年每亩收益为 84 000÷6＝14 000 元。在调研中了解到，如果连作种植超过

9 年，那么种植的百合不仅几乎不怎么生长，严重的甚至会发生烂根现象，所以当地人种植百合很少会超过 9 年。

按照这样的计算，适当连作虽然会降低百合的品质，但还是可以提高收益。由此，首先得出的解决思路是找到适宜在轮作时期种植的植物。选择的种植作物一是要满足当地的种植环境；二是要满足当地劳动力不足无法天天打理土地的问题；三是要满足每年每亩净收益达到一定数额。在调研过程中通过访问我了解到，若每亩的净利润低于 5 000 元，很多农户就认为这样的投资不如外出打工。由此得出轮作种植的植物至少要满足以上 3 个条件，才能考虑种植。

除了寻找轮作作物外，我也在思考其他的出路。调研过程中我了解到村里从 2015 年开始开通淘宝和天猫店铺，以此来拓宽销路。除此之外，村里也开始发展旅游业，每年将一片土地上种植的百合不做掐尖处理，留着开花吸引游客。但由于每年百合开花的时间只有一个月左右，仅仅依靠这一个景点吸引游客明显不够，那么是否能够通过人为的方式拓展旅游业发展，就成了另一个解决问题的思路。

二、问题与对策

在对轮作时期的适宜种植作物做了调查后，最终根据上述条件我选择了沙苑子。沙苑子为豆科植物扁茎黄芪的干燥成熟种子，多年生草本，种子药用，有补肾壮阳、生发乌发的功能[4]。

首先是沙苑子的成本计算：每亩地需要沙苑子种子 1.5 kg，价格大约 110 元/kg，则每亩投资 165 元。种植过程中的人工成本较小（因其果实不自动裂开，不用随时采收）大约需要 300 元。每年的亩产药材量为 100~120 kg，高者可达 150 kg，每千克药材市场价 50~60 元。资料显示沙苑子第一年、第三年、第四年产籽量低，第二年产籽量高。若在轮作时期种植 3 年，大约平均每年收获 110 kg/亩，共计 6 000 元/亩。除去成本大约 5 500 元/亩。计算数据基本符合当地对于每亩收入的基本要求。

其次是生长环境，根据调研发现扁茎黄芪适应性很强，野生于山坡草丛、田边或路旁。对土壤要求不严，怕涝。种子为广适萌发类型，在 15~30 ℃均能很好萌发，室温下储藏期为 1 年。扁茎黄芪从种子播种到开花结果需 1~2 年，以后年年开花结果，一般第二年长势好，产量高，第三、第四年产量下降。生产上应每2~3年更新1次。除此之外，扁茎黄芪具有喜凉爽、喜光、耐旱、耐盐碱以及适应性强的特点。它对种植地的土壤要求不高，一般野生的沙苑子在山坡、路边、河边、草地等均有生长，适合在当地种植。除此之外，沙苑子根有根瘤菌，有固氮作用，能培肥土壤，所需的生长元素也与百合不同。

最后是沙苑子种植所需要的劳动力较少，除了播种、定期除草、采摘之外不需要额外的人工成本，相较于百合种植过程中的人工成本只将采收增加到了每年一次。综上，初步认为沙苑子适宜在百合的轮作时期进行种植，如果能够找到适宜的销售途径，或许可以做成百合之外的一条产业链。

此外，由于轮作需要变换品种，所以方案一在长期种植后可能会出现土壤某些元素缺乏的状况。由此，找到了沙苑子的另一种套种方法，可以与小麦、棉花、玉米等作物套种，避免品种单一带来的土壤问题。在秋季种麦时，每隔 1.5 m 留出 20 cm，以备第二年 4 月套种沙苑子，麦收后再种玉米或葵花籽。套作后每年每亩的收益为单作的 1/3~1/2，即为每年每亩净收益 2 000~3 000 元。

可以根据土壤的实际状况使用，如在种植 3 年百合 3 年沙苑子的两个周期（12 年）后发现百合的品质在第 3 个周期种植过程中产量有所下降，就可以在下一个 3 年轮作时使用套种方案，既可以满足修复土壤的需求，也可以使产业链不会有大幅度的变化。

三、致谢

在 3 周的调研过程中学习到了许多在学校学不到的知识，如如何与人相处，怎样在不触碰各方利益的前提下达到改善民生的目的。除此之外，也更加深入了解了百合产业的历史与发展。在这个过程中，老师每天的指导对我的调研也有很大的帮助，对后续提出的解决方案以及优化思路起到了启迪和指引的作用。同时也感谢袁家湾村的居民对本次调研的支持和帮助。

参考文献

[1] 吴慧. 食用百合高产高效栽培技术 [J]. 上海蔬菜，2006（2）：36-37.

[2] 阮瑶瑶，丁健，杨懋勋，等. 药用、食用、观赏用百合组培快繁研究

进展［J］. 深圳职业技术学院学报，2011，10（1）：71-75.

［3］ 李伟绮，林玉红，孙建好，等 . 兰州百合优势种植区百合经济效益调查［J］. 北方园艺，2012（4）：188-190.

［4］ 赵喜进，赵帅 .2019 年中药材种植发展品种答读者问［J］. 特种经济动植物，2019，22（4）：44.

后 记

作为一名青年教师，学生时代对我来说不算遥远，读到大家的总结和感受，我颇有共鸣，深深体会到了字里行间满载的真挚情感。我很高兴能够看到同学们借着"专业综合实践"的契机，利用假期走出教室、走出课堂，走入基层、走入家乡。

2020 年是不平凡的一年，在党和国家强有力的领导下，新冠肺炎疫情得到有效防控。在这样的背景下，农建专业 2017 级同学们的"专业综合实践"不同于往年，他们不是在合作基地而是在各自的家乡开展的，使这次实践对于大家而言有了更特殊的意义。

农建专业的特点在于多学科交叉、产学研结合，这就要求农建学子既要"读万卷书"，也要"行万里路"，时刻保有"纸上得来终觉浅，绝知此事要躬行"的学习态度，把所学知识运用到生产实际中去，真正做到理论联系实际。同学们要始终秉持"向书本学习、也向实践学习"的理念，利用好"专业综合实践"平台，走进农村、走近农民、走向农业，提升"学农、知农、爱农"素养和专业实践能力。

令我欣慰的是，我看到大家沉下心来，探寻农业现代化发展过程中存在的实际问题，想方设法为家乡的农业现代化建设出谋划策，践行着"解民生之多艰，育天下之英才"的校训嘱托，感知祖国的召唤，将论文谱写在祖国的大地上。这也更加坚定了我们的培养目标，为党育人为国育才，培养兼备"强农兴农使命、工农交融知识、拔尖创新能力、宽广国际视野、综合实践素养"的拔尖创新和行业领军人才，加速我国农业现代化建设和乡村振兴。

最后，祝愿每一位农建学子前程似锦、未来可期！祝愿农建专业越办越好！祝愿我国能够早日实现从农业大国向农业强国的转变！

郑炜超

中国农业大学农业建筑与环境工程系

2021 年 12 月